出處／NASA

~生氣蓬勃的地球~

地球的心跳

地球以外來的太陽能量及封閉在內部的熱能當作動力，在熱能與動能持續交換下，不斷改變地球環境。火山噴發與地震等地球內部的變動、每日改變的氣象與氣候，都是地球活著的證明。

▲ 從國際太空站上拍攝到的極光。極光是太陽風粒子進入北極和南極的大氣層，與氧氣、氮氣等碰撞後發光所產生的現象。

照片／ PIXTA 攝影素材公司

▲在大氣狀態不穩定時，平原地區容易產生龍捲風。龍捲風的發生難以預測，而且會帶來嚴重損害。

◀冰島位在新板塊誕生的大西洋中央。島的中央有一條南北縱走的地塹（見照片）。

▲ 火山爆發噴出的岩漿。地球內部大量的熱能熔化岩石，造成炙熱的熔岩噴泉。除了陸地之外，海底火山也常常噴發。

～利用科學數據描繪地球的樣貌～

全新的地球觀

我們人類利用「科學之眼」，從各種角度捕捉地球千變萬化的模樣。當我們從更開闊的角度檢視地球時，便能夠清楚看到人類此刻的活動帶給地球自然環境的影響有多大。

◀ 日本科學未來館最具代表性的展示品，地球顯示器「Geo-Cosmos」。以科學數據為基礎，利用超高解析度展現地球的各種風貌。

照片／PIXTA 攝影素材公司

▼ 二氧化碳增加導致海洋持續酸化，造成珊瑚和貝類不易形成碳酸鈣成分的骨骼與殼而蒙受重大傷害。

攝影／朝倉秀之

影像提供／NOAA's National Geophysical Data Center

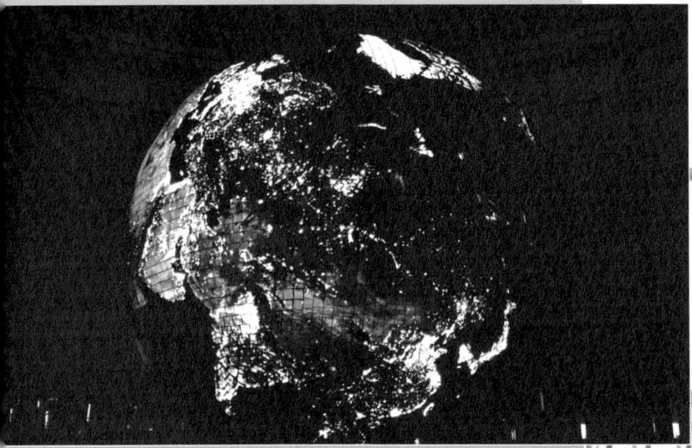

▲從宇宙所看到的夜晚的地球，感覺與泛著藍光的「水之行星」截然不同。這也可說是人類文明所創造出來的地球新模樣。

▼全球地表溫度圖。地球持續暖化的同時，海水溫度也在不斷上升。另外，海面上升造成西太平洋上海拔較低的吐瓦魯（下）等地方即將被海水淹沒。

影像提供／University of Wisconsin SSEC

▶▼森林分布圖（下）。為了開發農地、獲取樹木資源，世界各地不斷的進行森林砍伐，也致使住在森林裡的生物數量減少。

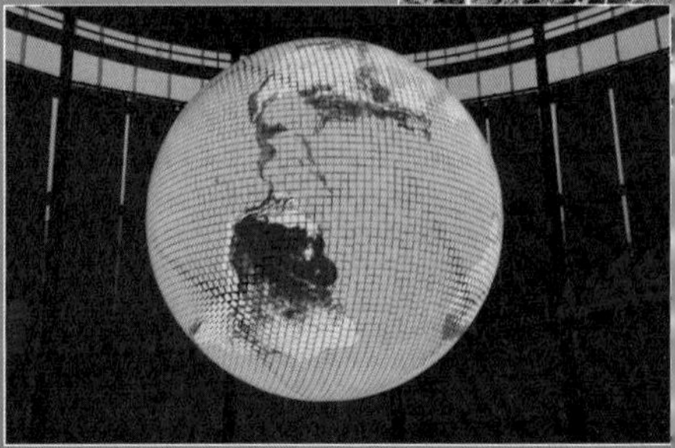

影像提供／地球地圖計畫（GSI）
（地球地圖國際營運委員會、國土地理院、千葉大學）

～利用科學技術探索未知地球～

從不同角度看地球

我們對地球仍有許多不了解的地方。運用最新科技進行地球探測活動及觀測研究，不僅能夠深入了解地球，也可找出人類能夠繼續在地球上永續生存的方法。

影像提供／JAXA

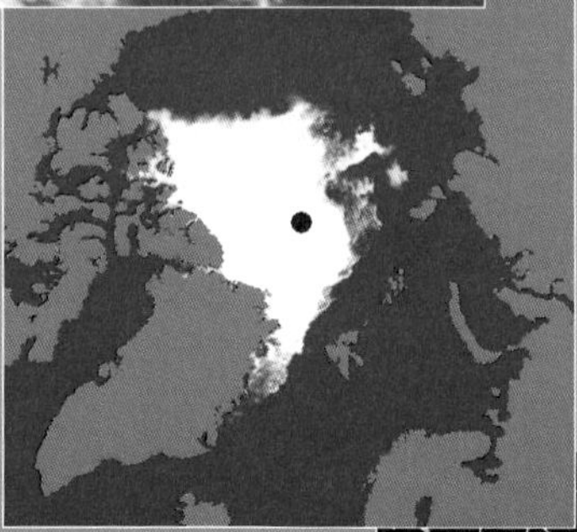

▲▶水循環變動觀測衛星「水滴號」（上）發射的目的，是為了從宇宙調查地球氣候變遷。2012 年觀測到北極海的海冰規模達到歷史新低紀錄。

▼設置在全國各地的高性能都卜勒雷達（Doppler radar）除了觀測積雨雲位置及雨的強度之外，還能觀測龍捲風（上圖），提供完整的氣象資訊。

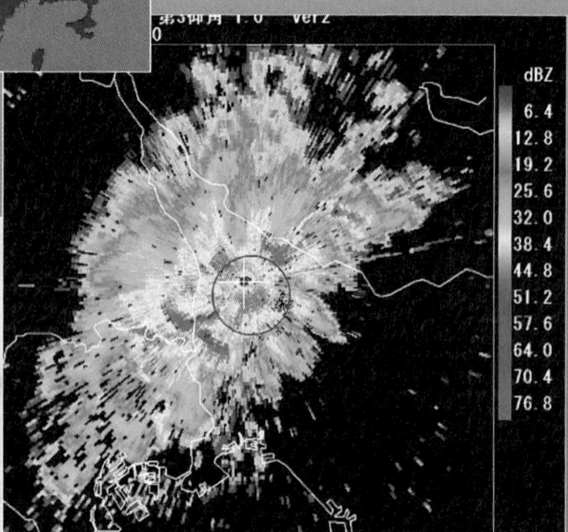
dBZ
6.4
12.8
19.2
25.6
32.0
38.4
44.8
51.2
57.6
64.0
70.4
76.8

▼地球深處探測船「地球號」鑽進地底七公里，利用岩心試樣研究孕震構造和地底生物圈，並探勘海底資源，帶來全新發現。

攝影／Gleam

影像提供／日本氣象廳

哆啦A夢科學任意門

DORAEMON SCIENCE WORLD

奇妙地球透視鏡

哆啦A夢科學任意門
奇妙地球透視鏡

目錄

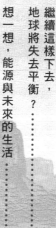

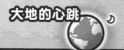

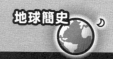

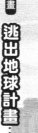

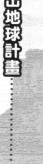

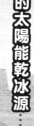

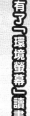

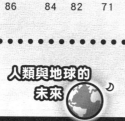

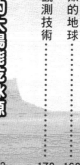

關於這本書

本書的主要目的，是希望各位能夠在閱讀哆啦A夢漫畫的過程中學習科學新知。

漫畫部分提到的科學主題會在後面附上詳細的科學解說。也許當中有些困難的內容，不過筆者盡量以淺顯易懂的方式，描述地球目前已知的情況，以及尚未解開的謎團。

地球擁有諸多面貌，也是人類誕生的母星。這個充滿生命、飄浮在宇宙中的行星，擁有能夠引起火山爆發與巨大地震的能量。藉由地球的這些活躍現象，我們可以深切感受到她的各個面相。

受到地球豐富的面貌所吸引，自古以來人們持續研究著地球，雖然已經解開了許多不可思議之處，卻也遇上許多全新的謎團。如今，透過最先進的地球探測研究所提供的相關新知，讓各位能夠善加利用目前已知的「地球」，並從中學習，正是本書的目的。

地球上依舊充滿著許多不可思議、未解開的謎團，等待著各位長大後能夠解開。

※無特別說明的資訊，均是二〇一三年二月的內容。

下雪了!!
深海裡
竟然在下雪！

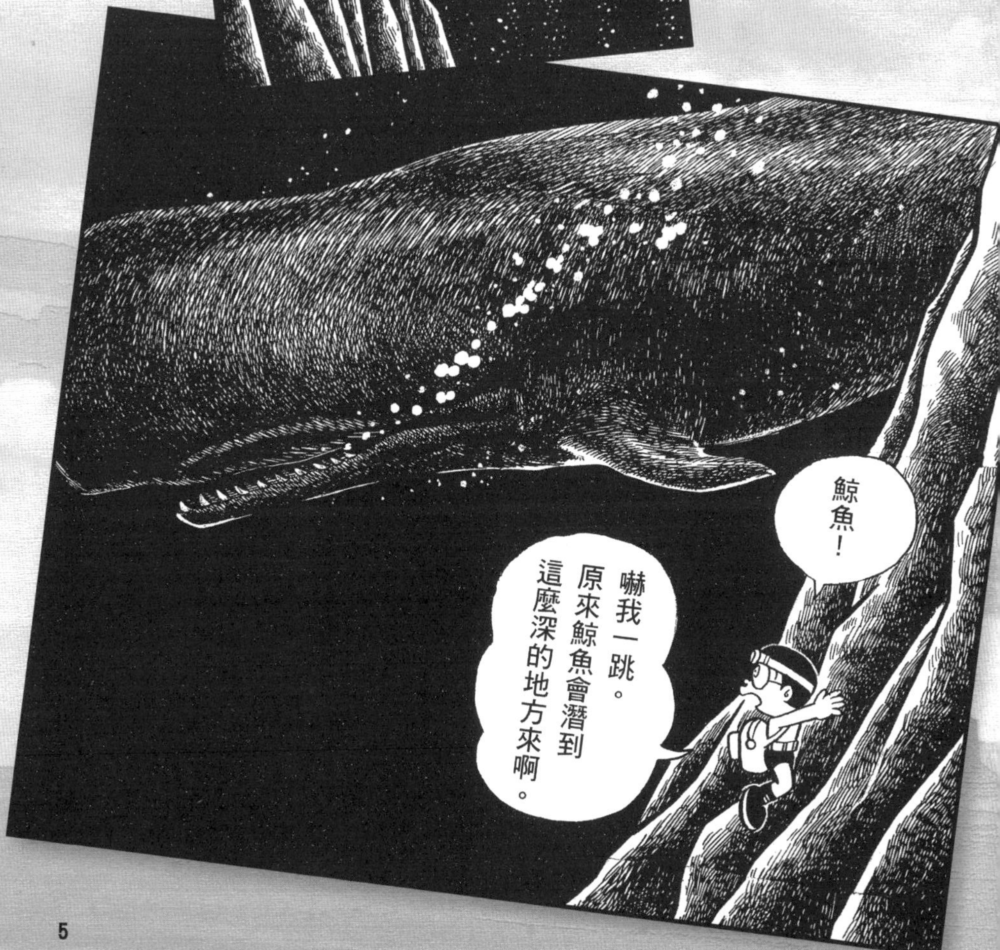
鯨魚！
嚇我一跳。
原來鯨魚會潛到
這麼深的地方來啊。

相反行星

?
你在那裡做什麼？
沒、沒什麼！
不要藏嘛，借我看。
我想變聰明
什麼東西啊？

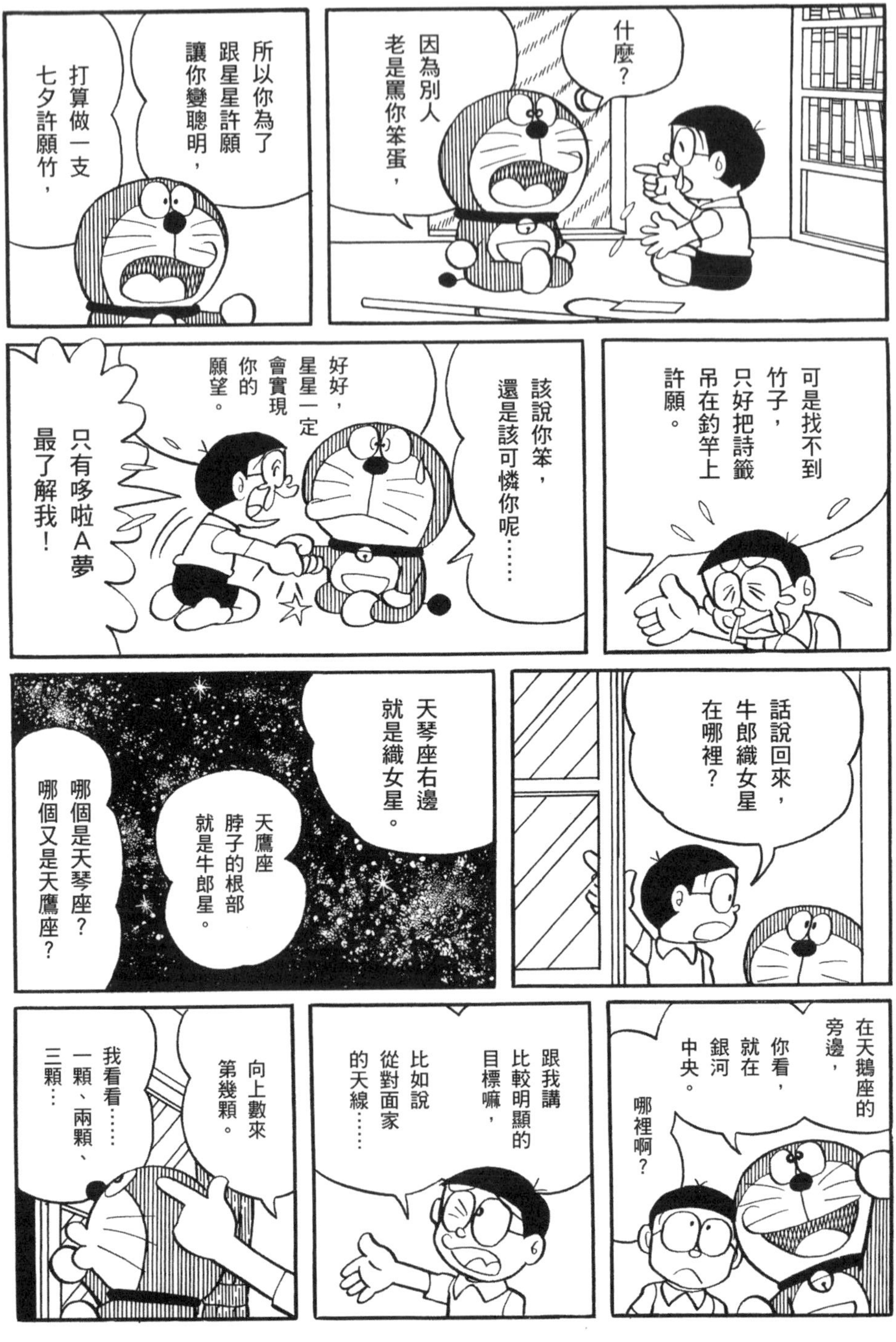
什麼？
因為別人老是罵你笨蛋，
所以你為了跟星星許願讓你變聰明，
打算做一支七夕許願竹，
可是找不到竹子，只好把詩籤吊在釣竿上許願。
該說你笨，還是該可憐你呢……
好好，星星一定會實現你的願望。
只有哆啦A夢最了解我！
話說回來，牛郎織女星在哪裡？
天琴座右邊就是織女星。
天鷹座脖子的根部就是牛郎星。
哪個是天琴座？哪個又是天鷹座？
在天鵝座的旁邊，
你看，就在銀河中央。
哪裡啊？
跟我講比較明顯的目標嘛，
比如說從對面家的天線……
向上數來第幾顆。
我看看……一顆、兩顆、三顆……

奇妙地球透視鏡Q&A

Q 遠古人類觀察太陽動態後決定一年有三百六十五天，這就是太陽曆的開始。這是真的嗎？

怎麼可能數得出來嘛。
你真笨。
啊！連你也罵我笨蛋！你也瞧不起我！
「天球儀」。
仔細看銀河四周喔。
是這顆……
和這顆！懂了嗎？
好清楚喔。
做得好精緻，好像真的有星星在裡面。
真的有星星啊。
這是用超微粒拷貝製造出一模一樣的星星。
咦!?真的嗎？
而且，
在其中有生物居住的星球裡，都配置著超迷你機器人。
真的？

A 假的。太陽曆起源自古埃及。當時埃及人算出「能夠在日出前一刻看見天狼星」的時間間隔，訂出一年有三百六十五天。

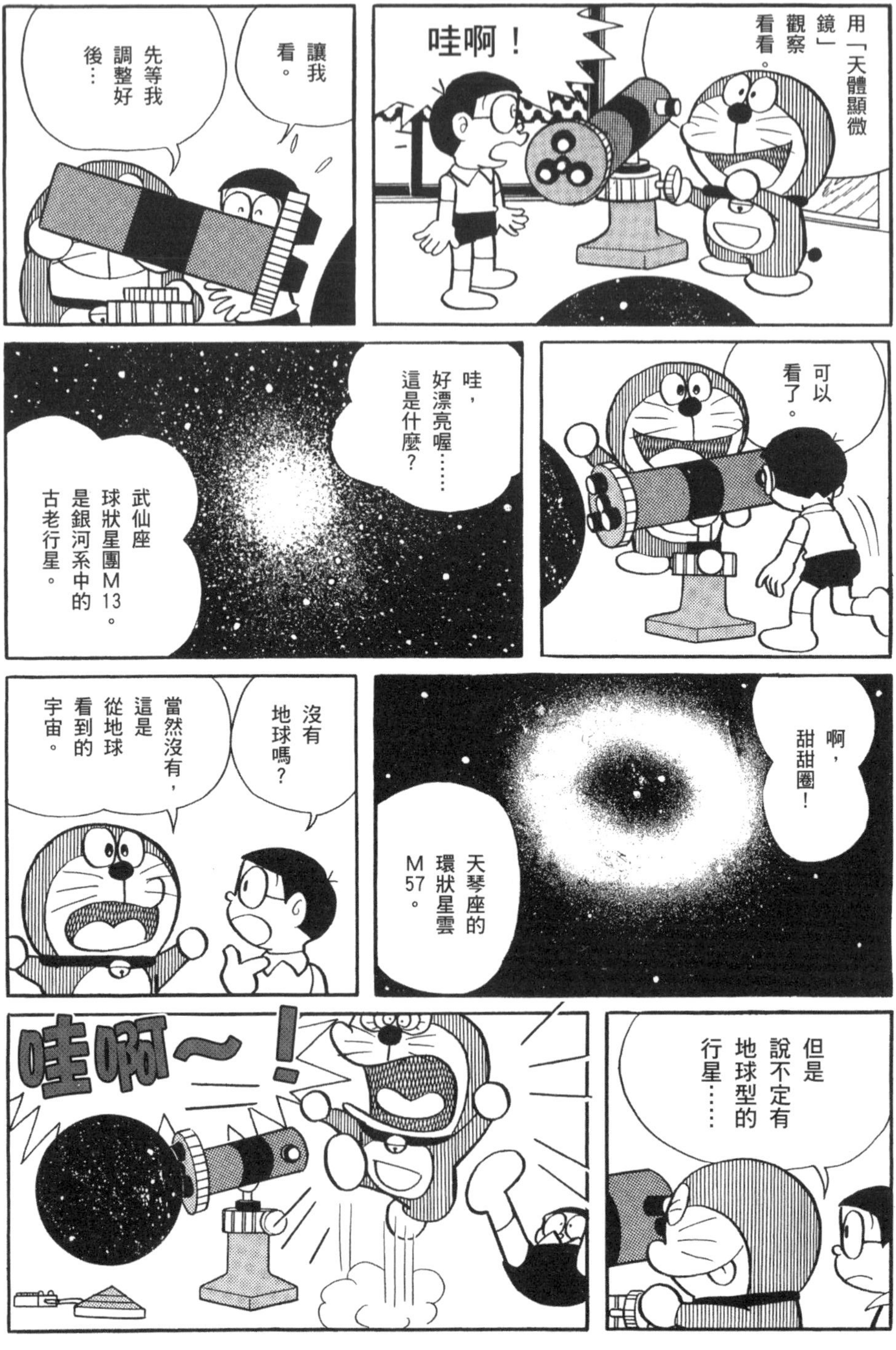
用「天體顯微鏡」觀察看看。
哇啊！
讓我看。
先等我調整好後…
可以看了。
哇，好漂亮喔……這是什麼？
武仙座球狀星團M13。是銀河系中的古老行星。
啊，甜甜圈！
天琴座的環狀星雲M57。
沒有地球嗎？
當然沒有，這是從地球看到的宇宙。
但是說不定有地球型的行星……
哇啊～！

奇妙地球透視鏡Q&A

Q 因為月曆與季節彼此不吻合，因此一五八二年十月少了五日到十四日這幾天。這是真的嗎？

怎麼了？
你看這個！
哇!!
雖然左右相反，
不過形狀跟日本一模一樣。
我在科幻漫畫裡看過所謂的相反世界……外表跟地球一樣，但所有的一切都是相反。
就是像這樣的星球。
既然如此！
我們就去看看。
什麼!?

A 真的。地球大約花365.2425天繞行太陽一周，也就是每年會多出0.075天，因此每四年會有一次閏年進行調整。

怎麼去？
上來就知道，快點！
出發！
啊，開始縮小了！
還會更小喔。
好，出發囉。
哇！四周一片黑暗。
我們進入天球儀了。

奇妙地球透視鏡Q&A

Q 人類最早計算出來的是下列何者？①太陽的大小 ②月球的大小 ③地球到月球的距離

A

②月球的大小。第一步是先找出地球的大小，然後在月食時，根據地球倒映在月球上的影子大小，計算出月球的大小。

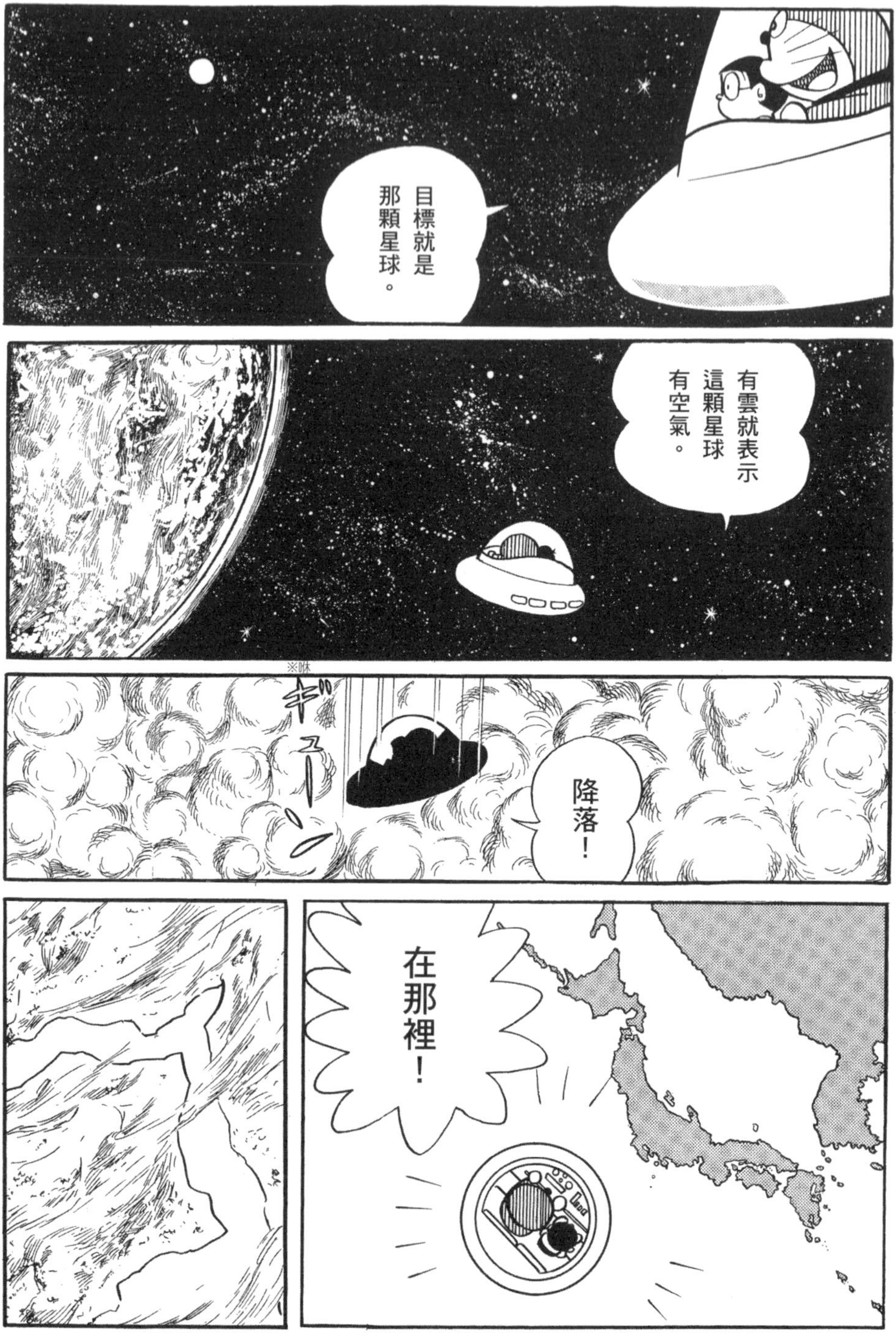
目標就是那顆星球。
有雲就表示這顆星球有空氣。
※咻
ギュー
降落！
在那裡！

奇妙地球透視鏡Q&A

Q 研究太陽系行星動態的克卜勒，不但是一位天文學家，也是一位占星師。這是真的嗎？

A

真的。占星術原本就被認為是與醫學、動物學、植物學等並列的科學之一，因此克卜勒也研究占星術。

啊～～
跟我們住的地方
一模一樣！
所有的房子我都認識……
這裡真的是別的星球？
不是地球？
絕對不可能是地球！

你要去哪？
我家應該在這邊。
找到了！
仔細看，左右完全相反。
真的耶。
這麼說來，這裡面……
有一個完全相反的我囉？
你看！
太陽從西邊升起…
大家起床了，我們躲在一邊觀察。
有人跑過來了。
啊！那是！

奇妙地球透視鏡Q&A

Q 地球和火星等太陽系行星總是以同樣速度繞著太陽轉。這是真的嗎？

A 假的。它們繞著太陽轉，有時靠近太陽，有時遠離太陽。靠近太陽時會加速，遠離時則會減速。

救命啊～
你不是說要借我看作業嗎!?
可是人家不會寫嘛。
不要欺負他。作業太難，連我也不會寫。
連靜香也不會？
這個星球果然完全相反。
啊，天才來了。
教我！天才！
天才！救命！
世界第一的天才！
不要叫我天才啦!!

數千年前的古人已經知道地球的真面目？

是這顆……
和這顆！懂了嗎？
好清楚喔。

人類大約五千年前就知道一年有三百六十五天

在漫畫中，大雄發現天才大雄居住在另一個相反的地球。話說回來，各位對自己居住的地球了解多少呢？我們在此回顧一下人類的「地球發現史」吧！

我們所居住的地球在自轉的同時也繞著太陽公轉，這就是地球上有季節之分，以及定義一年、一天長度的來源。

夏季的日出
現在
冬季的日出
太陽從山間升起。
差不多該播種了。

人類開始過著農耕生活後，人口開始增加。對於人類來說，知道栽種作物的週期，也就是一年的長度相當重要。人類在五千年前就注意到一年約有三百六十五天。後來我們知道每個一天的長度加起來會超過三百六十五天。為了調整這個誤差，設定了每四年有一次閏年。這也已經是兩千多年前的事情了。

特別專欄

2 月變成 28 天是因爲皇帝的任性 ！

大約 2000 年前，1 年是從 3 月開始，每個月分交叉安排為 31 天或 30 天，最後的 2 月則是 29 天。但是羅馬皇帝奧古斯都（Augustus）決定將 8 月以自己的名字命名為 August，並且設定為 31 天，於是 2 月就只剩下 28 天了。

8 月要以我的名字命名，天數要變成 31 天！
遵命！

「地球是平的」這個觀念曾經堅不可破

相較於一年三百六十五天的觀念，人類倒是花了很長的時間才注意到地球其實像球一樣是圓的。雖然我們在學校裡學到「地球是圓的」，實際上也幾乎難以感覺到自己站立在圓形的大地上；「地球是平的」這觀念反而較容易讓人接受。畢竟如果地球真是圓的，那麼地球另一側的人類豈不是會掉進太空裡嗎？左側上下兩圖分別是五千年前的印度人與巴比倫人（現在的伊拉克南部）所認為的地球及宇宙想像圖。這兩個地區在當時都擁有世界最高的文明水準，卻沒有人認為地球是圓的。

不過，這也不難理解。即使一五二二年麥哲倫艦隊完成人類首次繞地球航行一周的創舉，證明了地球是圓的，卻仍然有許多人相信地球是平的。人類很難相信無法用自己的眼睛看到、感覺到的事物。

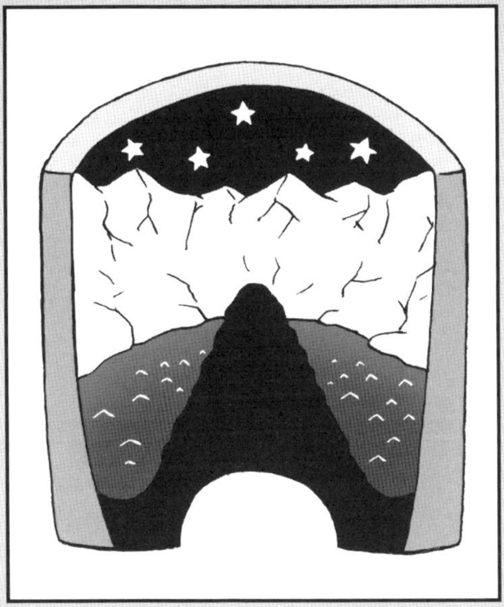

▲古巴比倫人認為人類居住的大地被海洋環繞，海洋的盡頭環繞著山岳，而山的外面就是神居住的世界。

▲古印度人認為大地的中央是神居住的山，而大地是由三頭巨象及烏龜撐起。

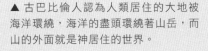

沒有地球嗎？
當然沒有，這是從地球看到的宇宙。

看得出來地球是球體，但是地球在動？

看看大海就會發現地球是圓的！

古希臘人首先注意到地球像球一樣是圓的，這是距今兩千五百年前的事。他們看向大海，看到船隻靠近，發現從地平線上會先看到船桅頂端，他們認為出現這種景象是因為地球是圓的。也就是說，他們雖然沒有實際看到圓形的地球，卻能夠根據邏輯推理得出「地球是圓的」這樣的想法。

兩千兩百年前已經證實地球是球體，周長約四萬公里

開始有了「地球是圓的」的想法之後，人類便陸續找到相關的證據，例如月食。月食是地球的影子遮住月球所造成，而地球遮住月球的影子是圓形的，也就是說，古希臘人憑影子就知道地球是圓的了。

知道地球是圓的之後，人類又花了些時間才知道地球的大小。最早測量地球大小的是古希臘的厄拉多塞，據說是在西元前兩百四十年左右。厄拉多塞在正午時分於埃及的亞歷山大港及南邊小鎮賽伊尼（亞斯文的舊稱）豎起長度相同的棒子，測量其影子長度。從影子長度的差距推算出地球的大小。根據厄拉多塞的計算，地球的周長約二十五萬斯塔德（stadion，古希臘長度單位）。雖然不清楚當時一斯塔德的精確長度，不過以現知的長度換算，大約是三萬九千至四萬六千公里，而地球的實際周長約四萬公里，所以幾乎是正確答案。

待在地球上的人類，無法實際感受到地球在移動

另一方面，因為地球是宇宙中心而且靜止不動的證據看來強而有力，所以當時人們始終無法相信地球是繞著太陽而轉的「地動說」。

以地球的重力為例子來看，位在地球上的東西全都被拉往地球的中心。這也被視為「地球是宇宙的中心」的證據。另外，人類搭乘馬車奔走會感覺到移動，但是站在地面上卻一點也感受不到地球在動，因此這一點也被認為是「地球是宇宙的中心」的證據。

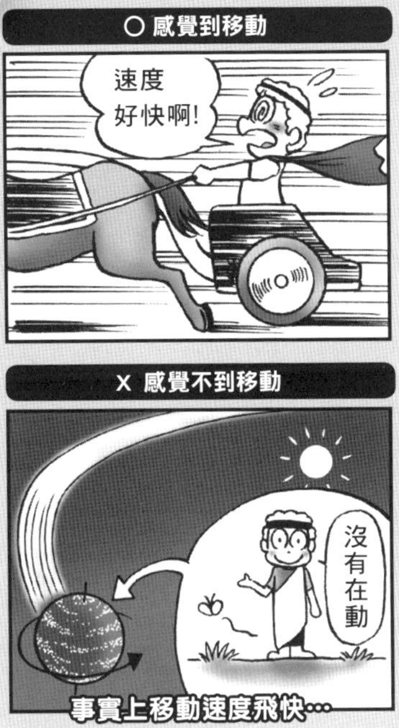
○ 感覺到移動
速度好快啊！
X 感覺不到移動
沒有在動
事實上移動速度飛快…

如果地球是宇宙中心，將難以解釋行星的動態

古希臘時代也有人主張「地動說」，兩千三百年前誕生的亞里斯塔克就是其中一人。他主張的論點是基於行星的移動。

從地球上觀測火星動態，會發現它有時會與其他星星逆向而行。如果地球是宇宙的中心，行星的動態將會變得十分複雜。相反的，如果地球和其他行星均是繞著太陽而轉，行星的軌道就是簡單的圓形了。但是，幾乎沒有人只憑這些證據就相信地動說。

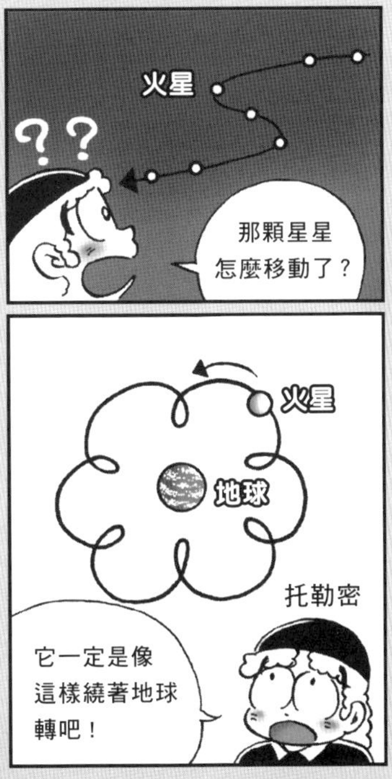
火星
那顆星星怎麼移動了？
火星
地球
托勒密
它一定是像這樣繞著地球轉吧！

但是說不定有地球型的行星……

計算結果不相符，但是「地球還是在轉動」？

哥白尼重提地動說，但倡議地動說必須以性命爲擔保！

「地動説」再次盛行，是又過了約一千八百年之後，也就是哥白尼出現時。哥白尼是天主教的神父，也是業餘的天文學家。哥白尼致力於研究行星動態，得到的結論是地球和行星都繞著太陽轉。而且第一個想到地球會自轉的人也是哥白尼。

但是當時的教會並不認同地動説，甚至會懲罰主張地動説的人，這使得哥白尼始終苦惱著該不該發表地動説。哥白尼倡議地動説的著作《天體運行》，也是直到一五四三年，在他將死之前才出版。之後的義大利哲學家布魯諾也因為推廣哥白尼的地動説，於一六〇〇年被教會處死。科學家伽利略也在一六三三年因為主張地動説而遭受處罰，但他在受罰時表示：「即使如此，地球還是在轉動。」

行星的軌道是橢圓形！如此一來所有的計算就吻合了

地動説在當時無法普及，一方面是因為教會的反對，另一方面（也是最主要的原因）是因為地動説無法準確預測行星的動向。如果地球是宇宙的中心，縱使行星軌道複雜，依舊能夠根據計算預測出什麼時候、在哪裡能夠看見行星。但是現在看來正確的地動説，在當時卻無法做出正確的預測。

解決這項問題的人，就是科學家兼占星師克卜勒。克卜勒仔細觀測並分析行星的動態，發現過去以為是圓形的行星軌道其實應該是橢圓形的。這項主張就是現在廣為人知的「克卜勒定律」。地動説也因此能夠正確預測行星的動向。

另外，在同一時期找出地動説另一個強而有力證據的人是伽利略。一六一〇年，伽利略利用望遠鏡發現木星也有像月球一樣的衛星，並且以木星為繞行中心。這個發現

特別專欄

太陽的另一側還有一顆地球嗎？

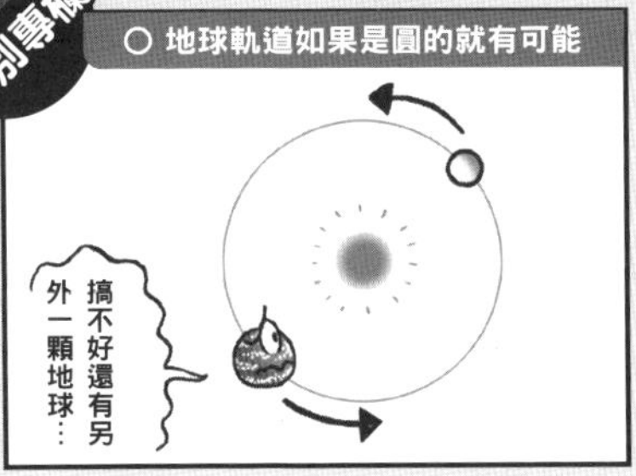
○ 地球軌道如果是圓的就有可能
搞不好還有另外一顆地球…

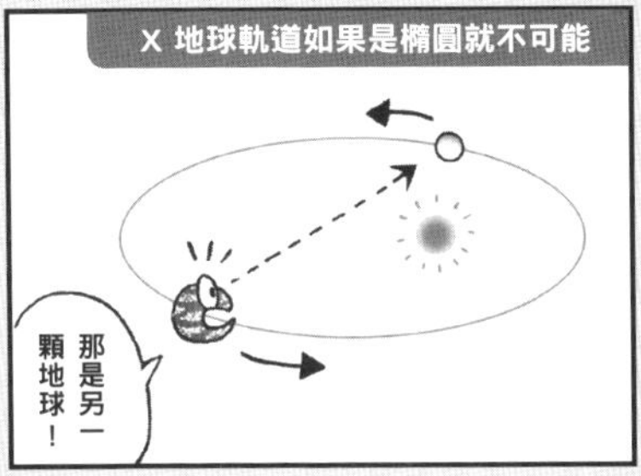
X 地球軌道如果是橢圓就不可能
那是另一顆地球！

各位是否聽過「相反地球」呢？有一說法認為在太陽的另一側，也就是在地球上正好看不見的地方，還有另一顆地球存在。有趣的是，這個相反地球之說遠在民眾接受地動說之前，就盛行於古希臘。但是如果地球是宇宙的中心，那麼太陽的另一側就不可能還有一顆相反地球繞著太陽轉。

後來，因為克卜勒發現行星軌道呈現橢圓形，這個相反地球之說也跟著不再成立。因為軌道是橢圓形的話，相反地球不可能永遠躲在太陽另一側。不過今後或許仍然會出現關於相反地球的故事喔！

說明了地球不是宇宙中心，而且不是所有行星都以地球為中心旋轉。伽利略更進一步發現金星也像月球一樣會有圓缺，這也成為金星繞行太陽旋轉的證據。當時伽利略因主張地動說遭到教會懲罰，直到一九九二年才改判他無罪。

現在大家都知道是地球繞著太陽轉動，但是如果我們生活在伽利略的時代，是否也會相信地動說呢？

特別專欄

第一位看到圓形地球的人是加加林？

1961 年，蘇聯太空人加加林首次由高度約 330 公里處的太空中眺望圓形的地球。但是以地球直徑來說，這個高度相當接近地表，雖然能夠看見地球的邊緣呈現圓形，卻無法看到地球是一顆球形。

圓…可能是圓的…
＊地球的直徑約為 1 萬 2700 公里

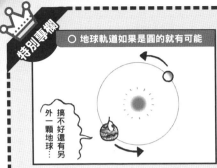

地球急轉彎

嗯……
好難喔。
快沒時間囉~
還有兩分鐘……
一分鐘……
跳得比
東京鐵塔
還高的
方法……
怎麼
可能
辦得到啊?
叮!
時間到。
你們回答
不出來,
所以
依照
約定……
答案是只要
跳起來就行
了。
因為東京鐵塔
根本就
不會跳啊。
好詐喔。

他說這是「腦筋急轉彎」。
什麼爛遊戲嘛。
給我問題解答機啦。
我哪有這種東西。
解謎就是要靠自己動腦筋才有趣啊。
可是再這樣下去，就會被胖虎的問題弄得滿頭包了。
解謎是有訣竅的。
練習看看吧。
「動作猜謎機」。
這是未來的猜謎遊戲機。
猜謎機出的題目，得使用未來的道具實際行動來解謎。
我完全聽不懂，不過好像挺有趣的。
答對了有金牌，可是如果答不出來的話，就會被雷劈。
不會吧？

奇妙地球透視鏡Q&A

Q 地球是太陽系的第五大行星。這是真的嗎？

A 真的。太陽系行星從大到小依序是：木星、土星、天王星、海王星、地球、金星、火星、水星。

就是緊張刺激才好玩啊。
是男生就試試看。
你要按下那個開關。
這個？
グイ
※按下
ブルル
キュルン
ピピピ
※嗶嗶嗶 ※嘰嚕 ※嘰嚕 ※嗶嚕嚕
プ
※啵
問題
現在立刻在你所在的位置做海水浴。
惡搞嘛。
在東京的中央怎麼可能做海水浴啊？
可以的。
我已經知道答案了。
快！
時間只有三十秒喔。
カチカチ
※喀嘰喀嘰
要使用未來的道具啊。
什麼啊？
提示是「時光機」。
再想想！
啊啊，急死人了。
カー

ガラガラ
※嘎啦
※霹哩啪啦
我認輸了……
告訴你答案。
地點不變，讓時光回溯到遠古時期。
到了。
ザブ
※噗通
哇！
很久很久以前，東京是在海底的喔。
知道了，快救我。

奇妙地球透視鏡Q&A

Q 以重量來看的話，地球上含量最多的元素是大量存在於大氣中的氧。這是真的嗎？

A 假的。最多的是鐵，氧排名第二。氧不僅存在於大氣中，地函、地殼等整個地球裡到處都有。

好！這次一定要答對!!
グイ
※按下
プ
※啵
問題
以時速二千五百公里以上的速度奔跑。
借我「竹蜻蜓」。
不行啦。
要用跑的才行。
カチ カチ カチ
※喀嘰喀嘰客嘰
這樣頂多十公里吧。
ドドド
※咚咚噠噠
ガラ ガラ
※嘎啦嘎啦
ビシャーン
※霹哩啪啦
告訴我答案。
用「任意門」…

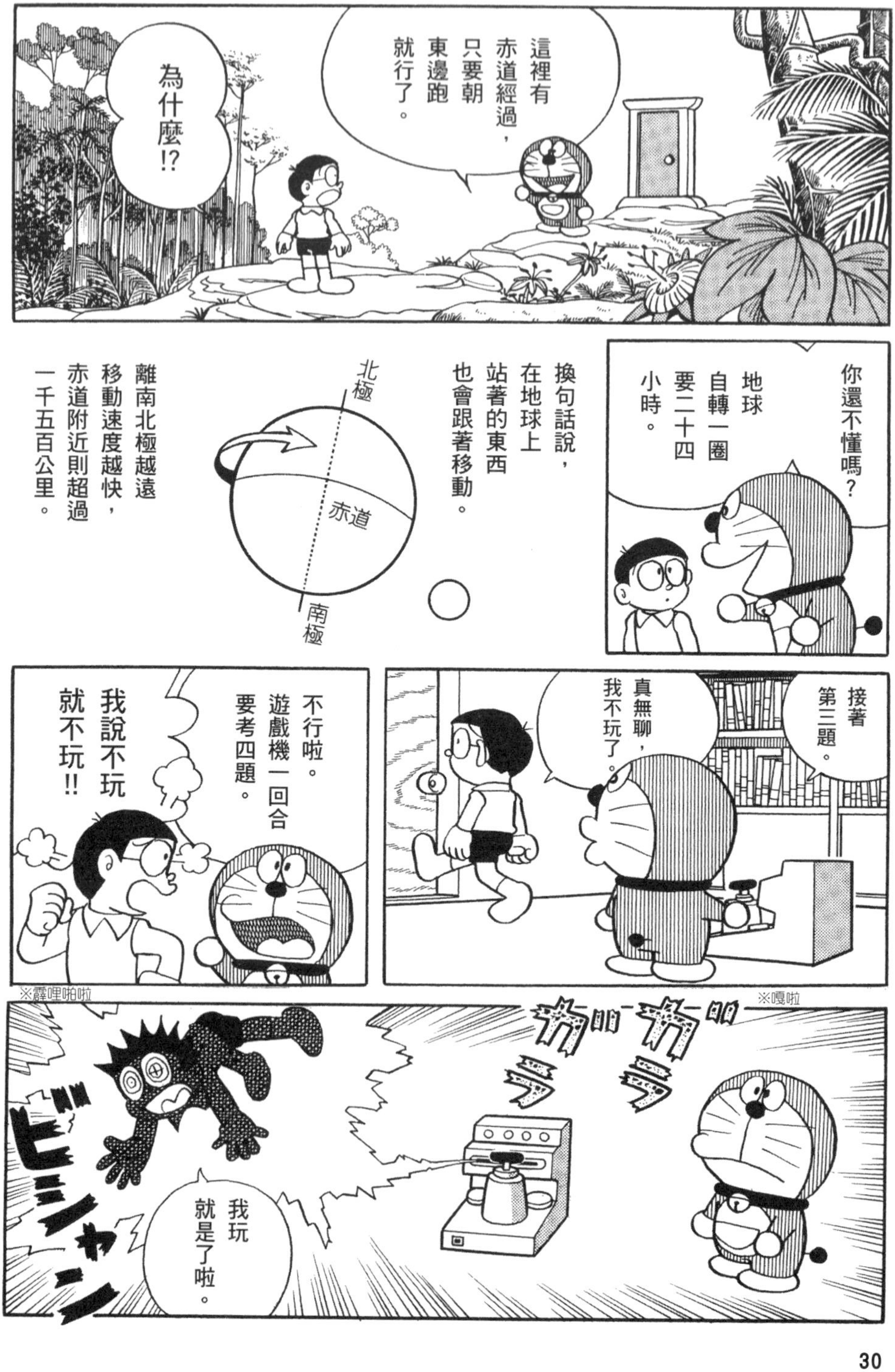
這裡有赤道經過，只要朝東邊跑就行了。
為什麼!?
你還不懂嗎？
地球自轉一圈要二十四小時。
換句話說，在地球上站著的東西也會跟著移動。
北極
赤道
南極
離南北極越遠移動速度越快，赤道附近則超過一千五百公里。
接著第三題。
真無聊，我不玩了。
※嘎啦
不行啦。遊戲機一回合要考四題。
我說不玩就不玩!!
※霹哩啪啦
我玩就是了啦。

奇妙地球透視鏡Q&A

Q

水星與金星繞行太陽的軌道比地球靠近太陽，因此溫度遠比地球更熱。這是真的嗎？

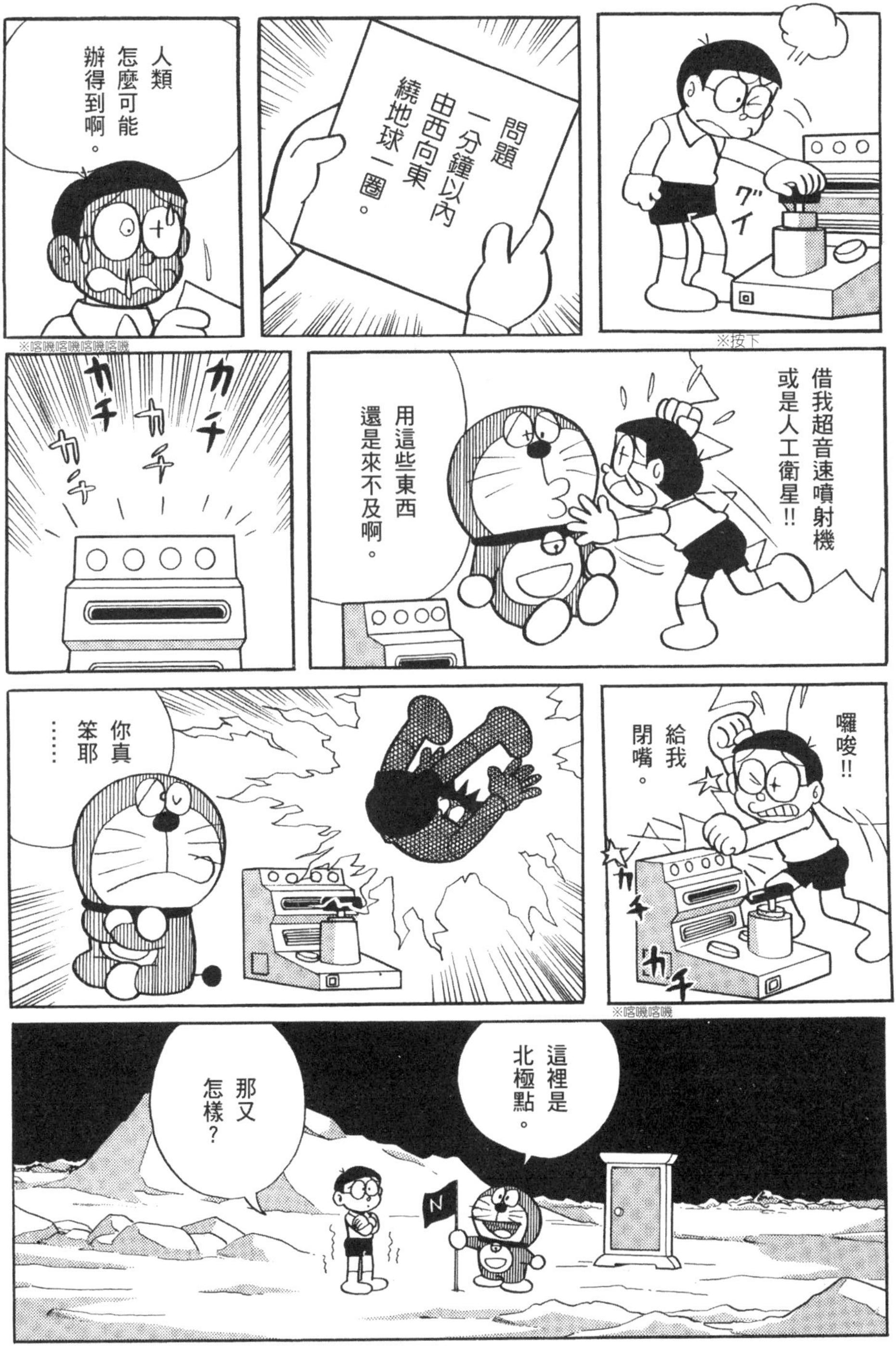
グイ
※按下
問題
一分鐘以內
由西向東
繞地球一圈。
人類
怎麼可能
辦得到啊。
※喀嘰喀嘰喀嘰喀嘰
借我超音速噴射機
或是人工衛星!!
用這些東西
還是來不及啊。
カチ
カチ
カチ
カチ
囉唆!!
給我
閉嘴。
カチ
カチ
※喀嘰喀嘰
你真
笨耶
……
這裡是
北極點。
那又
怎樣?
N

A

假的。最靠近太陽的水星，白天會上升到約430度，夜晚卻會下降到零下170度。金星則因大氣層的溫室效應，約有460度。

問題並沒有指定要繞「地球的哪裡」。
所以繞這裡一圈根本不用一分鐘。
N
好像白痴喔。
至少要答對最後一題，
拿到金牌啊。
我沒信心。
プ
※啵
「請將這張日光照片顯像」。
「但是必須在太陽底下連續曝曬三十小時，中途若是天黑，就會恢復原狀」
饒了我吧……
怎麼可能連續三十個小時都是白天啊。
カチ
カチ
カチ
※喀嘰
有一個地方沒有黑夜啊。
就是那裡！
你快想想！
カチ
カチ
カチ
※喀嘰喀嘰喀嘰
我不知道!!
完蛋了。

奇妙地球透視鏡Q&A

Q 地球繞行太陽的速度是？①時速約1萬公里 ②時速約5萬公里 ③時速約10萬公里。

我要逃到世界盡頭去!!
※喀嘰喀嘰喀嘰
カチ
カチ
カチ
啊!
竟然追到南極來了。
※喀嘰喀嘰喀嘰
你是絕對逃不掉的。
カチ
カチ
カチ
還有三秒……兩秒……一秒……
日光相機
※噹噹噹
你答對了!南極現在是夏天,太陽根本不會下山。
日光相機

A ③時速約10萬公里。地球繞行太陽一年約前進9億4千萬公里,因此時速很快。

地球是如何誕生的？

太陽與地球均誕生於大約四十六億年前

在本章漫畫中，大雄透過猜謎遊戲體驗了地球的祕密。我們也一起來看看位於太陽系中的地球，在漫長時間裡蛻變的祕密。

地球和太陽均誕生於大約四十六億年前。火星、木星等地球以外的行星，也都同樣誕生在大約四十六億年前。太陽與繞行它的行星等合稱為「太陽系」，而地球的誕生也屬於「太陽系形成」的一環。

在太陽系形成之前，宇宙中飄散著星星爆炸產生的分子雲氣體與類似塵埃的物質。分子雲中，一旦有個地方聚集了比四周更多的氣體與塵埃，就會因為引力互相拉扯作用，集結更多來自四面八方的氣體與塵埃。集結而來的氣體與塵埃逐漸匯聚成大型圓盤，並開始旋轉。圓盤中央集結了大量氣體，產生了原始太陽，接著在原始太陽四周，原始行星也一一誕生。在靠近圓盤中央塵埃較多的地方，誕生出的是組成成分比較類似地球的行星；而在圓盤外側氣體較多的地方，誕生的則是組成成分比較類似木星的行星。

※轟隆！

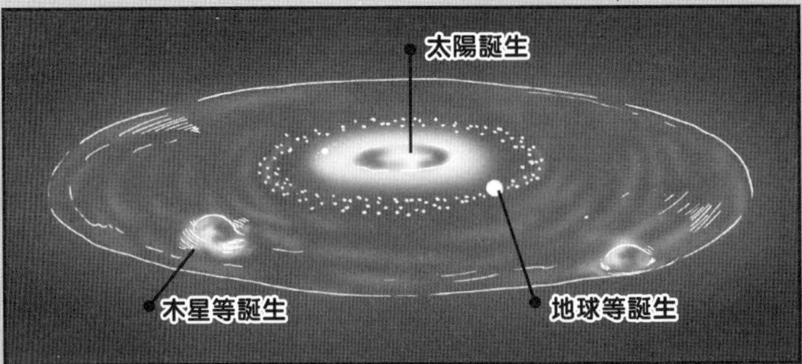

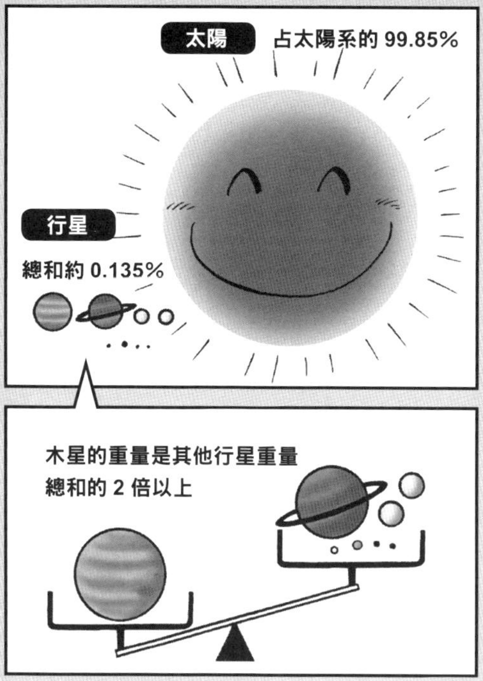
太陽
占太陽系的 99.85%
行星
總和約 0.135%
木星的重量是其他行星重量
總和的 2 倍以上

太陽重量約占太陽系的百分之九十九點八五，地球小到上不了檯面

地球對於人類來説很大。但別説在整個宇宙，就算只是在太陽系裡，地球也顯得非常小。以重量來比較的話，太陽的重量約占太陽系所有物質重量的百分之九十九點八五，所有其他行星總和約占百分之零點一三五，當中木星占了其中的三分之二，地球的重量則只有木星的三百二十分之一。想不到地球居然這麼小！

特別專欄

地球位在銀河系邊緣

地球，應該説整個太陽系，位在偏離銀河系中心的地方。銀河系就像透鏡一樣，是中央稍微隆起的圓盤狀。光線在一年之中前進的距離稱為 1 光年，銀河系的直徑約 10 萬光年，最厚的地方約 1 萬 5000 光年，太陽系則是位在距離銀河系中心約 2 萬 8000 光年的地方。各位可以自己算看看，光速每秒前進的速度大約是 30 萬公里，地球周長約 4 萬公里，因此光速繞地球一圈是 0.13 秒。

截至目前為止，人類送上太空的太空船與探測器之中，飛行距離最遠的是 1977 年發射的航海家 1 號。它在 2012 年 6 月時與太陽的距離約是 180 億公里。花費 35 年時間才旅行了這些距離；如果使用光速的話，同樣距離只需耗時 16 小時又 40 分鐘。

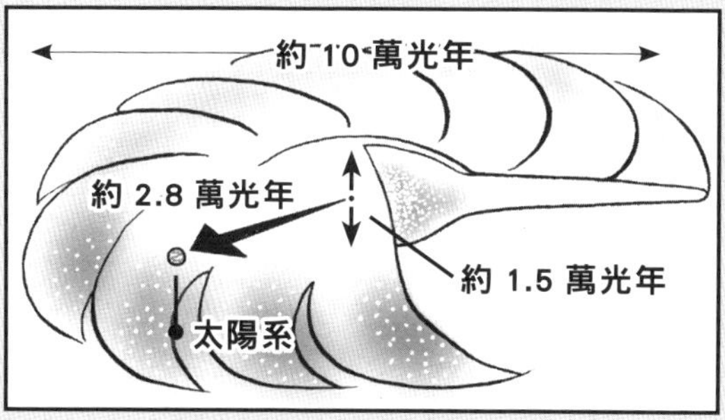
約 10 萬光年
約 2.8 萬光年
約 1.5 萬光年
太陽系

地球與其他行星的相似處和相異處？

岩石集結變大 類地行星誕生的祕密

太陽系包括太陽、八顆行星、五顆矮行星以及為數眾多的太陽系小天體。矮行星雖然大小不及行星，卻有足夠的重量藉由自身重力成為球形。太陽系小天體則是比矮行星更小的小行星，包含彗星、塵埃等。接下來將介紹太陽系中與地球同等級的行星。

行星大致可分為類地行星與類木行星兩類。距離太陽由近到遠的類地行星依序是水星、金星、地球、火星。另一方面，類木行星則是繞行火星外側的軌道，距離太陽由近到遠依序是木星、土星、天王星、海王星。這兩大類行星因為形成時與太陽的遠近距離不同，產生截然不同的性質。

類地行星誕生於相對靠近原始太陽的地方。以太陽為中心旋轉的圓盤構造，除了氣體之外，還有岩石和冰塵。不過待在靠近太陽的地方，冰因為太陽熱度蒸發，因此塵埃中含有較多的岩石和鐵等。塵埃較多的區域會因為彼此的引力互相拉扯而產生極小型的微行星。這些微行星相互碰撞融合後，就會形成原始的類地行星。原始的類地行星如果又遭到微行星碰撞的話，會產生高溫高壓，地面變得像火燒般炎熱，形成岩漿海。接著，熱熔化了鐵，比岩石更重的鐵掉向核心，因此類地行星的共通之處就是核心都是金屬（鐵等），且核心四周有岩石包覆。

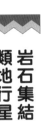

浮在水面上！

冰塊在遠離太陽的地方集結 類木行星誕生的祕密

另一方面，在距離太陽相對較遠的地方，以太陽為中心繞行的圓盤裡含有許多的冰塊。因為它遠離太陽所以冰塊沒有融化，也因此有許多製造行星的材料。這裡的原始行星比現在的地球重十倍。一旦重量這麼重，引力也會變強，然後逐漸吸入來自四面八方宇宙空間裡的氫與氦等氣體，變成了巨大的球形氣體。經由這種方式誕生的，就是類木行星。類木行星含有許多氫氣、氦氣等重量輕的氣體，外觀看起來巨大但重量卻很輕。假設木星與地球相等大小的話，地球會比木星重四倍以上。土星也比同樣體積的水輕，如果將土星放在一座巨型游泳池裡，土星應該會浮起來。

特別專欄

宇宙中有許多類似地球的行星嗎？

出處／NASA/Ames/JPL-Caltech
水星
地球
金星
火星
克卜勒 -22b

▲克卜勒－22b 是人類首次發現可能有生物存在的太陽系外行星。此發現結果發表於 2011 年。

宇宙中還有其他類似地球的行星嗎？答案是有。人類已經發現了許多行星。這裡所謂的「類似地球的行星」指的是地表上可能有水存在的行星。行星表面上有水的話，才有可能孕育生命，而且不能距離恆星太遠或太近。類似地球的行星都很小，不易發現，不過只要花時間繼續觀測，也許我們會發現更多的系外行星。

▶世界各國同心協力架設直徑 30 公尺的望遠鏡，並擬定尋找太陽系外行星的計畫。

出處／Courtesy TMT Observatory Corporation

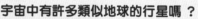

地球始終不會改變？

地點不變，讓時光回溯到遠古時期。

即使同樣接受來自太陽的光 地球溫度仍有大幅度的變化

你知道地球現在的平均氣溫是幾度嗎？以地球整體來看的話，地表附近的溫度大約是攝氏十五度。

在太陽照射下的地球，氣溫為什麼會逐漸上升呢？因為正如下圖所示，地球一方面接受來自太陽的能量，一方面也排出能量以維持平衡。一旦失去這個平衡，即使同樣接受太陽能量，地球仍然會暖化或寒化。

舉例來說，在恐龍誕生的時代，火山活動造成大氣層裡的二氧化碳濃度增加，再加上溫室效應的關係，平均氣溫在一瞬間升高到二十二度。平均氣溫二十二度聽來似乎沒有什麼了不起，但是最近所謂的地球暖化，是氣溫大約每一百年上升零點六八度。因此如果跟現在的平均氣溫十五度相比，你就可以想像當時的二十二度有多熱。相反的，也有另一種情況是地球稍微變冷，地表部分區域結凍，因此太陽能量較容易被反射到宇宙裡，造成地表加速結凍。所以即使極度微小的失衡，都會導致後續的放大效應。

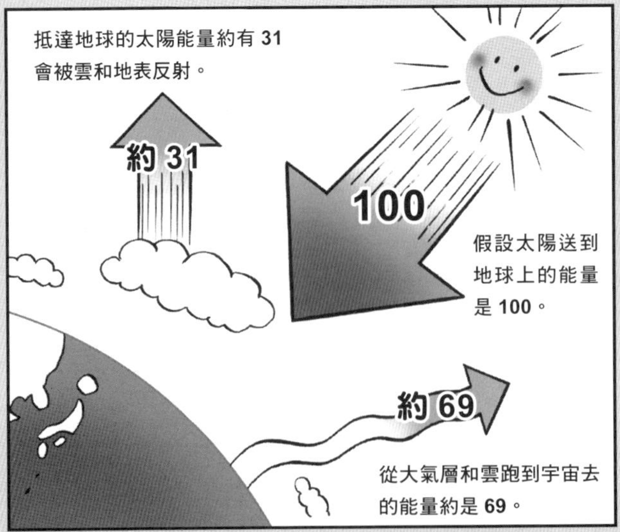
抵達地球的太陽能量約有 31
會被雲和地表反射。
約 31
100
假設太陽送到
地球上的能量
是 100。
約 69
從大氣層和雲跑到宇宙去
的能量約是 69。

▲ 地球現在的能量呈現收支平衡。地球一直在接收來自太陽的能量，但是地球也會釋出等量的能量到宇宙裡。因此整體而言，地球的溫度幾乎維持固定不變。

十億年前，地球的一天只有二十三小時？

地球一天的長度也不固定。例如十億年前，地球終於出現植物類的生物，一天的長度約是二十三小時。

現在一天有二十四小時，也是因為地球自轉速度變慢的緣故。其原因在於月球。月球拉扯地球的海水，使海水與海底之間產生摩擦，減緩了自轉的速度。估計在兩億年後，一天的長度將會比二十四小時更長。

還沒吃點心，天卻已經黑了？
※嘎嘎

▲ 假如一天有 20 小時的話……

最近總覺得上課時間好長啊！
因為一天變成 25 小時了吧！

▲ 假如一天有 25 小時的話……

地球的軌道、自轉軸等等都在漫長歲月中改變了

改變的不只是地球的自轉速度。地球繞行太陽的軌道也因為太陽、月球與其他行星的引力而微幅改變了。接近圓形的橢圓形軌道約每十萬年就會變成更扁的橢圓形。

地球繞行太陽的路徑有些偏斜，這個偏斜大約以四萬一千年為一個週期，在二十二至二十五度之間徘徊變動，並且每兩萬五千八百年會像陀螺擺頭一樣振動一次。這類變化或許就是造成冰河期等氣候變遷的成因。

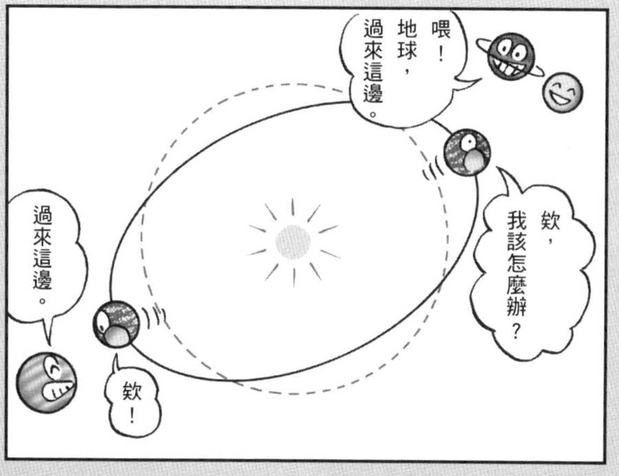
喂！地球，過來這邊。
欸，我該怎麼辦？
過來這邊。
欸！

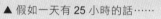

地球上的重力並非所有地方都一樣？

想要減重的話，可以攀上靠近赤道的高山！

在上一頁中我們解釋過，地球在漫長歲月中會產生各種改變。在這一頁我們要談的則是因為地球的快速移動，對重量造成的改變。當測量重量相同的物體時，在南極或北極等極地測量的結果較重，在赤道上則較輕。為什麼呢？

地球正以飛快的速度自轉，因此地球表面上的所有東西都承受著像是要被拋向宇宙的力量，這股力量稱為離心力。而各位沒有被拋向宇宙，是因為地球重力遠大於這個離心力的緣故。雖然地球上所有地方的重力皆相同，卻會因為所在的位置不同，而有不同的離心力。赤道上的離心力最大，兩極最小。赤道上的離心力會抵銷地球重力，所以你測量到的體重會變輕。極地與赤道的差異大約是百分之零點五，也就是說，體重五十公斤的人大約會產生兩百五十公克的差異。

事實上，不同高度的重力也略有不同。愈高的地方重力愈弱，也因此會變輕一點。不過這個差異並不是使用一般體重計就可以測量出來。

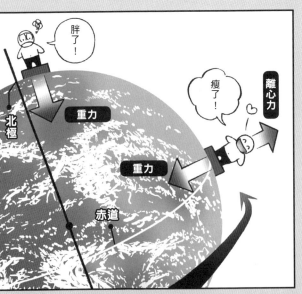

▲ 在赤道上測量體重比在極地上測量更輕，但這並非表示體重真的下降了，正在減重的人要小心 ！

石器時代的飯店

什麼時候出現了這些東西？
為什麼會有這些多餘的東西…
只會為世上無辜的兒童帶來痛苦。
到底是誰發明了這些東西？
你在說什麼？
作業！
還有唸書跟學校！
那些都是很重要的。
我覺得一點都不重要。像以前根本就沒有學校。
那已經是很久很久以前的事了。
即使如此，大家還是長大了啊！
還是以前比較好。
真是不講理!!

奇妙地球透視鏡Q&A

Q 原始地球的大氣成分與現在完全不同。當時含量最多的是什麼？①氧 ②二氧化碳 ③氮

A ②二氧化碳。當時含量最多的是二氧化碳，氧的含量大幅增加必須等到28～27億年前行光合作用生物誕生後。

竟然叫我們不能在空地打棒球。
那要去哪裡打球啊？
以前這附近到處都是空地。
還是以前比較好。
你也是這麼想啊？
你也是啊！
怎麼了？一臉憂鬱的樣子。
我討厭鋼琴課，所以溜出來了。
果然還是以前好！以前根本沒有所謂的鋼琴。
例如說石器時代的人類。
沒有學校，也沒有社會，想睡覺的時候就睡，想吃飯的時候就吃，可以盡情在喜歡的地方玩耍……

接著…會上來吧…
哆啦A夢！
是這樣啊！有空房間嗎？
那麼一共五個人要住，請多多指教。
我已經訂好房間了，走吧！
去哪裡？
到石器時代的飯店。
為了服務用「時光機」旅行的人，在各個時代及每個場所都有設立飯店喔！
飯店？
可是我們想像以前的人一樣過生活。
石器時代是非常嚴酷的世界。如果不喜歡住飯店的話，就不要去了。
不，飯店也可以。

奇妙地球透視鏡Q&A

Q 41～38億年前有大量的微行星撞擊地球。微行星來自何處？①銀河系外 ②太陽系內

到大約兩萬年前的古代去。
好久沒有搭乘時光機了。
這次應該不會再故障吧！
哇啊……
好空曠喔！連一間房子也沒有。

A ②太陽系內。冥王星等所處的太陽系外圍有個稱為古柏帶的微行星帶，科學家認為是來自那邊。

空氣好清新喔。
真的耶！
因為在這個時代，沒有工廠也沒有汽車。
啊啊～古代真好。
各位～飯店在這裡～
這就是飯店？
只是一個洞穴嘛。
看起來是這樣，不過這是建出來的。
這裡是大廳，
小的洞穴是房間。

奇妙地球透視鏡Q&A

Q 地球誕生至今約46億年。如改以一年的年曆表示，則人類誕生於11月15日。這是真的嗎？

A 假的。人類誕生在12月31日。人類的歷史相較於地球，真的只是最近才發生的事。

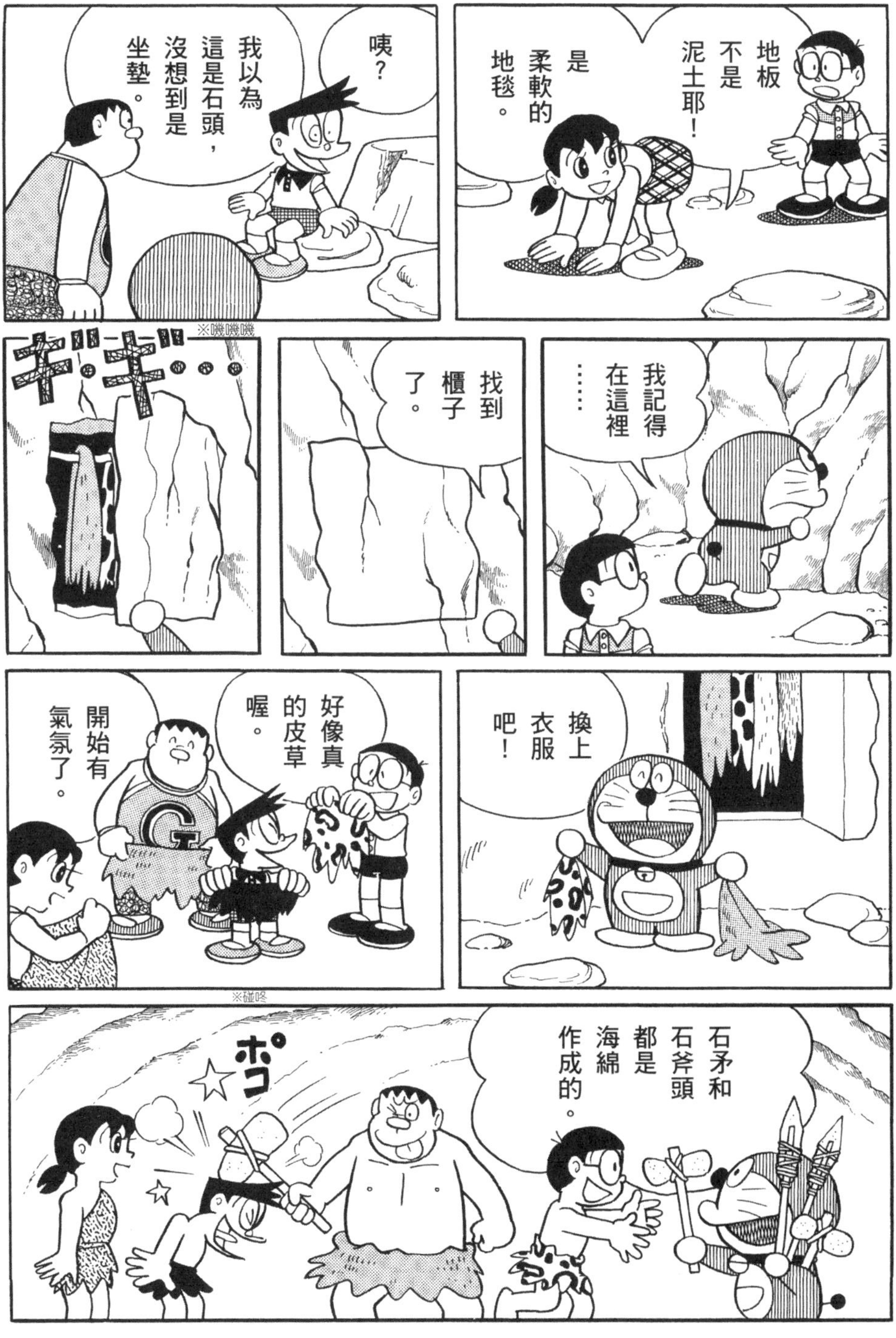
地板不是泥土耶！
是柔軟的地毯。
咦？
我以為這是石頭，沒想到是坐墊。
我記得在這裡……
找到櫃子了。
※嘰嘰嘰
換上衣服吧！
好像真的皮草喔。
開始有氣氛了。
※碰咚
ポコ
石矛和石斧頭都是海綿作成的。

哇喔喔～
我們是原始人!!
看起來好像要去狩獵恐龍。
笨蛋！
兩萬年前根本沒有恐龍。
說到這個時代的主角，應該是長毛象才對。
說得沒錯。我所說的正是狩獵長毛象啦！
咆～～嗡～～

奇妙地球透視鏡Q&A

Q 地球的地軸有些傾斜。因為地軸傾斜而產生的是什麼？①磁場 ②季節

A ②季節。以太陽為基準的話，地球大約傾斜23.5度，再加上太陽與地球的位置關係，也造成不同緯度的日照時間不同。

※咆嗚嗚
バルル…
都怪大雄說了不該說的話，長毛象生氣了。
我…我只是開個小玩笑而已…
※咻咻
ヌウ
救命啊!!
我討厭不懂笑話的長毛象啦!!
※啪咻
沒事的，別擔心啦！
ポイ

這是飯店為了客人飼養的長毛象。
湖邊有出租的獨木舟。
三十分鐘多少錢？
別問這種無聊的問題破壞氣氛。

Q 植物尚未誕生前，大氣中的二氧化碳含量不會減少。這是真的嗎？

A 假的。大氣中的二氧化碳會引發各式各樣的化學反應，例如溶入水裡。植物的光合作用不是二氧化碳減少的唯一原因。

湖水好清澈，感覺好舒服喔。
沒有任何污水流過來。
果然還是古代好。
※嘩啦
湖水冰冰涼涼，好好喝喔！
真的嗎!?
我也要喝喝看……
ボチャ
很好喝吧！
喝太多了。
我們肚子餓了。
回到飯店的話，就會有「時光升降機」把現代料理送過來。
與其吃那個……這附近……
應該有自動販賣機才對。

就是這個！
把石幣放進去……
ガチャ
※喀恰
就會長出午餐盒。
哇啊！看起來好好吃！
沒有湯匙或叉子嗎？
用手抓著吃才是原始人的吃法。
吃相難看也沒關係。
不必顧慮餐桌禮儀。
好好吃!!
睡個午覺也不用顧慮任何人。
啊～這裡是天堂。
真希望一直住在這裡。

奇妙地球透視鏡Q&A

Q 石油、煤炭等又稱為什麼燃料？①天然燃料②礦物燃料③化石燃料

咦？長毛象怎麼突然急著跑走了？
ドドドーン
是火山爆發了!!
飯店就在那座山的山腳下。
「時光機」萬一…
快一點!!

※轟轟轟~

A ③化石燃料。石油和煤炭是遠古時期死亡的動植物埋在地層裡，經過地熱與壓力產生化學變化而形成的物質。

火山灰擋住視線，看不見前面。
火山灰不斷掉下來，大家要小心岩石!!
是熔岩，快逃啊!!
差一點就被燒死了。
呼～呼～
吁～吁～
呼～呼～
哈～哈～
對了…時光機的入口被熔岩埋起來了……
我們該怎麼辦才好呢!?
這樣就回不去了。

奇妙地球透視鏡Q&A

Q 赤道繞一圈與南北繞一圈，何者的距離較長？

①赤道 ②南北 ③等長

你看～又開始了。每次都這樣！
這一次又不是故障，不是我的責任啊！
該不會……你連「竹蜻蜓」等道具都沒帶來吧？
答對了…
誰叫你們說想要過真正的原始人生活。
還敢說!!
現在不是吵架的時候！
與其吵架，大家不如好好想想，該如何在這個世界生存下去。

在這麼可怕的世界過活!?

應該可以，石器時代的人類還不是生存下來了。

A ①赤道。赤道周長約四萬零七十七公里，南北周長約四萬零九公里。地球受到自轉的影響，越靠近赤道附近越膨脹。

這個時代連電燈、汽車、電視和超市等便利物品一樣也沒有，
人類還是生存下來，而且過了好幾萬年…
我們不也是因為嚮往這個時代，所以才來到這裡的嗎？
沒錯…
大家團結力量，一起生活下去吧！
而且，我們必須製作真正的石器，畢竟這是石器時代啊！
可能會出現可怕的野獸。我們也必須去狩獵。
應該是用石頭敲石頭做出石器的。
ガチ
※喀碰
ジイン
※腫起來
看我的!!
ガッ
※喀隆
這些碎片根本不能用。

奇妙地球透視鏡Q&A

Q 海洋有漲潮與退潮。漲潮時的潮位上升是因為月球引力增強的關係。這是真的嗎？

A 假的。月球與太陽的引力、地球離心力之間的平衡決定了潮位。背對月球的地球地表引力雖然最小，潮位卻是最高。

敲到手了！
你還是別弄了。
如果受傷就不妙了，這裡沒有醫院或藥局。
沒有石器就無法狩獵。
我肚子好餓喔！
不趕快找到一些食物，我們會餓死的。
啊！那裡有耶！
有好多果實喔！
好耶!!
不過…這個顏色看起來好像有毒。
沒關係，總比餓死好。
等一下啦！
如果有毒的話，該怎麼辦？這裡……
沒有醫生或藥物喔。
總覺得越來越冷了。
對了！再這樣下去不行！

這個時代還是冰河期!!
天氣真的會變得~很冷很冷！
只有在飯店附近有暖氣可以暖和身體。
但是飯店跟暖氣都已經被埋起來了…
這樣下去到夜晚，我們就會凍死了!!
哇啊~該怎麼辦!?
那座山的山腳下，說不定有洞穴。
好遠喔！不知道有幾公里？
跑快一點。
不行…我…已經…走不動了…
如果要保命的話就快跑！
哇！下雪了!!

奇妙地球透視鏡Q&A

Q 動物的物種大約在五億四千萬年前大幅增加。現在物種數量最多的是哺乳類。正確？錯誤？

A 假的。哺乳類不是最多的，昆蟲類、魚類等眾多動物都在地球上蓬勃發展。

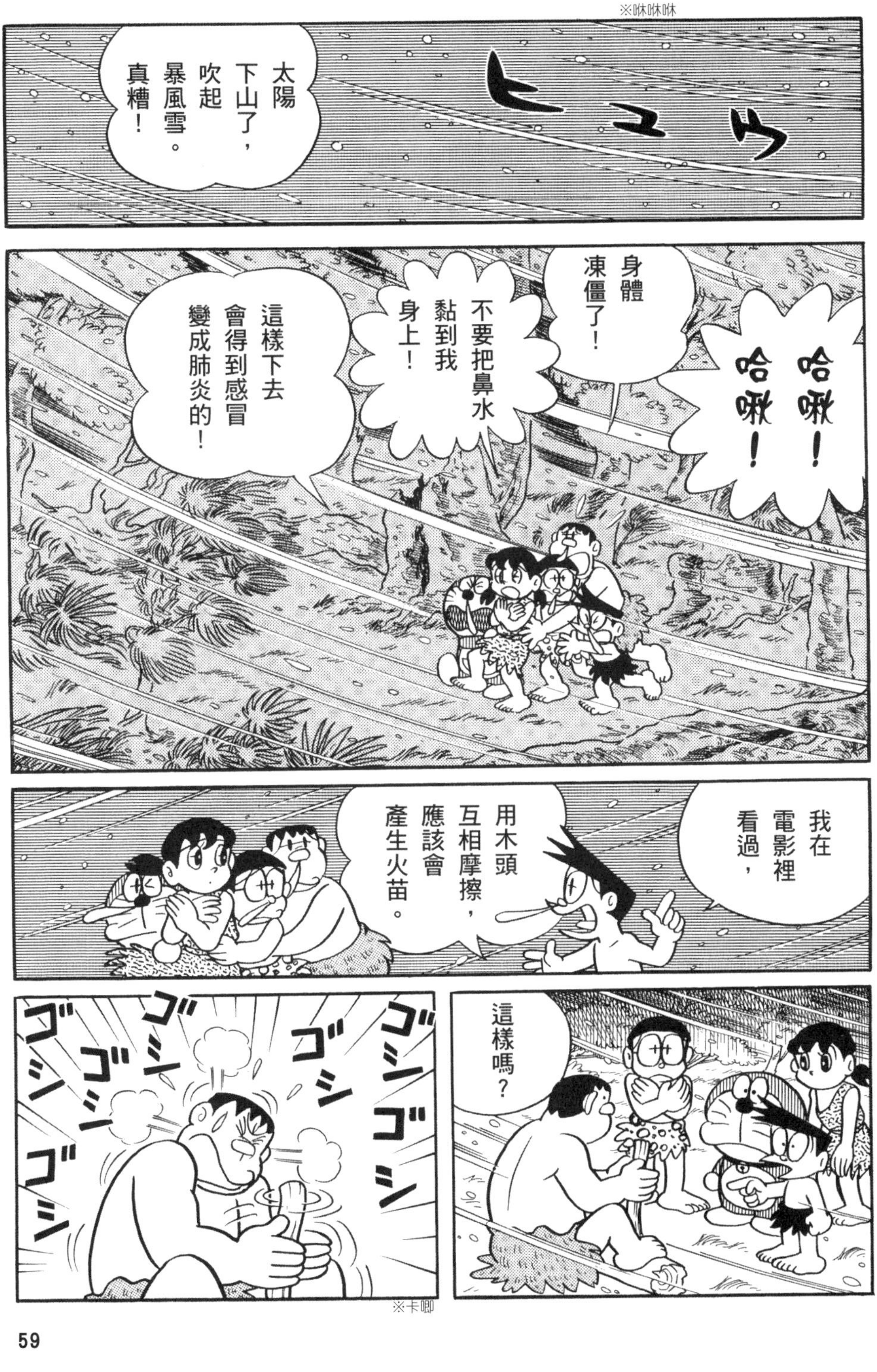

ヒュウ
※咻咻咻
太陽下山了，吹起暴風雪。真糟！
哈啾！哈啾！
身體凍僵了！
不要把鼻水黏到我身上！
這樣下去會得到感冒變成肺炎的！
我在電影裡看過，
用木頭互相摩擦，應該會產生火苗。
這樣嗎？
ゴシゴシ
ゴシゴシ
ゴシゴシ
ゴシゴシ
※卡唧

嗚～我的手都起水泡了。
如果有火柴就好了。
噓！
※喀沙
※咚隆
※喀沙
你們有聽到什麼聲音嗎？
※咚隆
※喀沙
カサ
你聽……
有東西逐漸往這邊慢慢靠近了。
カサ
コソ
カサ
コソ
吼嗚嗚……
是野獸!!
是大野狼嗎？
不！好像體型更大!!
如果能趕快生起火就好了。

奇妙地球透視鏡Q&A

Q

「冰河」也有種類之分。這是真的嗎？

A 真的。包括山間河谷形成的谷冰河（或稱山岳冰河），以及覆蓋南極等平坦大陸的大陸冰河。它們的流速也不同。

※嘎吼
ガウ
是劍齒虎！
救命啊～
為什麼牠只追我？

※嗶嗶

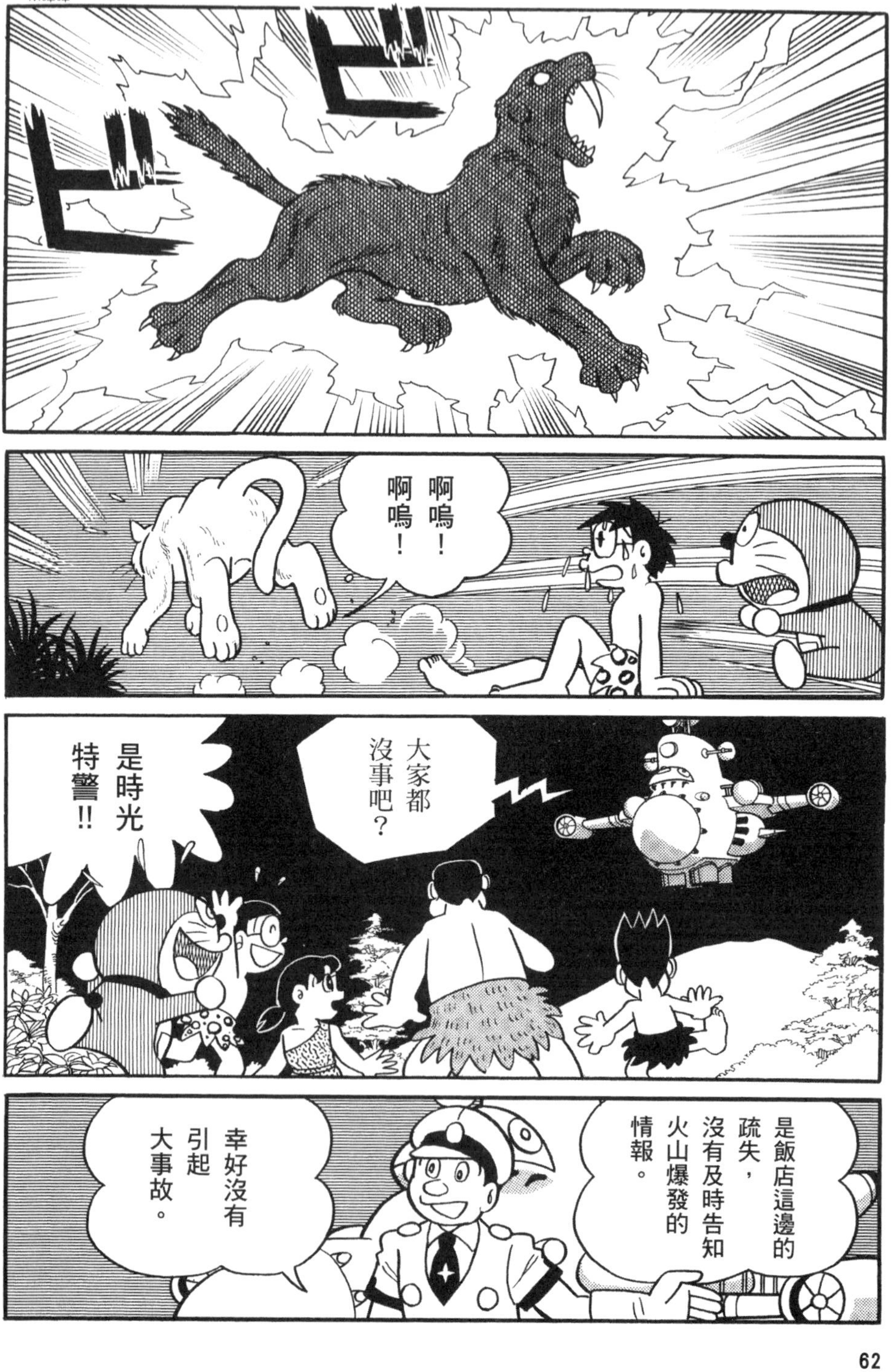
ビ
ビ
啊嗚！啊嗚！
大家都沒事吧？
是時光特警!!
是飯店這邊的疏失，沒有及時告知火山爆發的情報。
幸好沒有引起大事故。

奇妙地球透視鏡Q&A

Q 地球的第一次冰河期發生在多久之前？①約32億年前 ②約24億年前 ③約18億年前

活在古代也不見得都是好事。
如果不喜歡現在的時代，光是抱怨卻什麼也不做是不行的。
為了讓我們現在的時代變得更好，必須要好好努力。
在那之前，先把作業寫好！

A ②約24億年前。第一次是24~21億年前的休倫冰河期，據說當時地表和大部分的海洋都結凍了。

創世紀的地球發生過什麼事？

約46～45億年前 大碰撞

火星大小的巨大天體撞擊地球！

地球誕生於距今大約四十六億年前。在這段漫長歷史中最大的事件，發生在誕生不滿一億年的創世紀時期，也就是「大碰撞（Giant Impact）」。當時有個像火星一樣大的天體撞上了當時還是一團岩漿的原始地球。

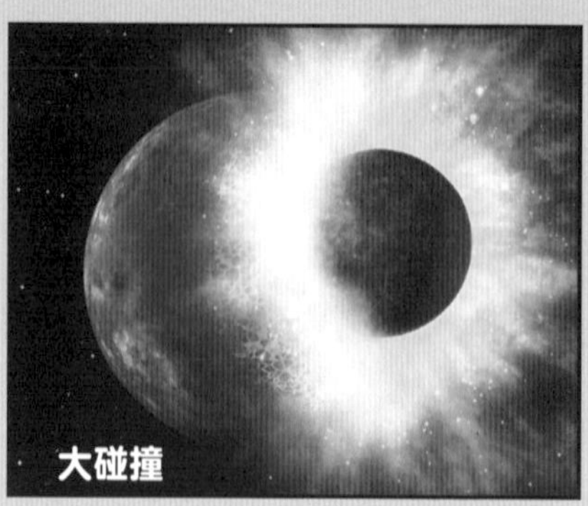

出處／NASA/JPL-Caltech

想像如果今天有一塊日本四國大小（面積約一萬八千八百平方公里）的隕石掉落到地球上，那衝擊力就足以完全毀滅地表上的一切。一想到當時發生的驚人衝擊，就叫人背脊一陣發涼。但如果當時沒有發生「大碰撞」，地球應該不會是現在的模樣。比方說，月球可能就是大碰撞當時殘留的碎片組成的。據說兩個天體碰撞後，岩石碎片飛散在宇宙中。這些岩石成為月球的來源，這也是為什麼地球和月球的岩石成分相似的原因。如果沒有月球，就不會有漲潮與退潮，也不會來回攪動海裡那些代表生物起源的有機物質，生物或許就不會誕生。地球自轉的速度也受到月球引力強烈影響，如果少了月球，一天的長度將與現在完全不同。另外，當時兩個天體若沒有結合，地球應該會比現在更輕，重力也更小，或許就沒辦法像現在一樣，能夠拉住厚厚的大氣層。

▲大碰撞之後，四散在宇宙中的無數岩石集合形成月球。

約46～40億年前

海洋與陸地誕生

地球爲什麼會成爲水之行星？

海洋是在何時以及如何誕生的呢？目前被認為最有可能的説法，是由無數微行星與原始地球的碰撞所造成。微行星內含的氫氧化合物，因為碰撞的衝擊分解變成水蒸氣，然後在都是岩漿的原始地球開始冷卻時，變成雨水降落地面，產生了海洋與陸地。其他主張還有氣體説，太陽系的星球大部分都是由氣體所構成，其中也包括水分子。當中一部分的水分子受到地球引力牽引而靠近，形成海洋。另外還有一説是，由冰塊組成的彗星掉落地球所造成。每一種説法都很有可能，不過也都尚未找到關鍵證據足以支持任何一個論點。現在，全世界的科學家們仍在持續研究，試圖找出真相。

地球簡史 ①

冥古宙

46億年前
- 地球誕生

46～45億年前
- 大碰撞

44億年前
- 地殼開始形成

46～40億年前
- 海洋與陸地誕生
- 隨後，大陸誕生

太古宙

39～38億年前
- 原始生命誕生

28～27億年前
- 大氧化事件。大氣與海水裡的氧氣增加

26億年前
- 大陸擴大

元古宙（或稱原生代）

19億年前
- 最早的妮娜超大陸誕生

18～15億年前
- 哥倫比亞超大陸誕生

12億年前
- 多細胞生物誕生

10億年前
- 羅迪尼亞超大陸誕生

7億年前
- 全球結凍

6億年前
- 不知是植物或動物的神祕生物伊迪卡亞動物群誕生
- 岡瓦那超大陸誕生

接69頁

太古時代的地球與現在完全不同？

約19億年前 妮娜超大陸誕生

大陸不斷合併與分裂

大家應該知道現在地表約七成是海洋，剩下的三成是陸地吧！但是四十多億年前的地球，幾乎全都被海洋所覆蓋，陸地只像一座座小島一樣零星散布。到了太古時代，由於地球活躍的火山運動，增加了許多又輕又厚的安山岩和花崗岩，才擴大了陸地面積。

這些陸地集合在一起形成大陸。假設以蘋果來譬喻整個地球的話，地表（地殼）就像蘋果皮一樣只有薄薄一層，跟著底下的地函（或稱地幔）軟流圈持續移動（詳情可參考第八十二頁）。幾塊大陸到了約十九億年前併在一起，構成了第一塊超大陸「妮娜大陸」，也就是現在的北美、北歐、格陵蘭所構成的大陸（也有研究者主張第一塊超大陸應該是面積更大的哥倫比亞大陸）。後來岩石圈上的數個板塊在幾億年間反覆分分合合，每一次都大幅改變了地球的環境。

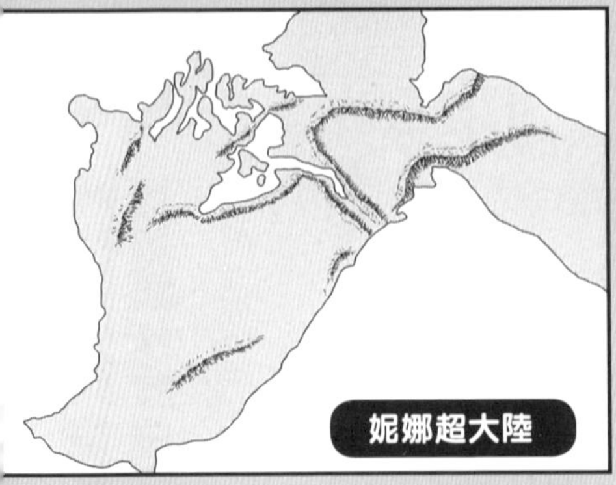

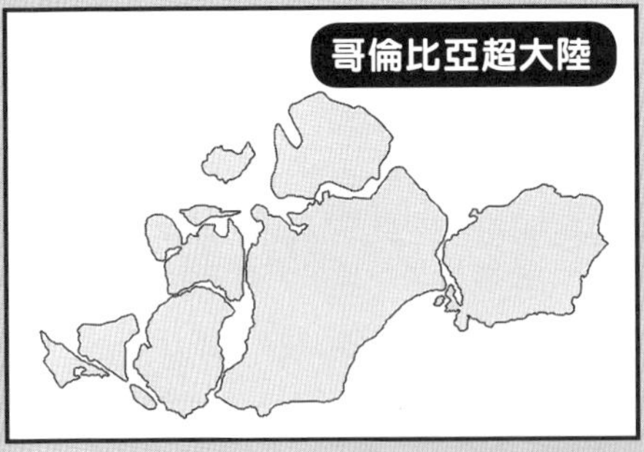

▲將現在的各板塊像拼圖一樣排列組合之後，幾乎與太古時代的超大陸一致。

約7億年前 全球結凍

整個地球凍住了？

　地球在七億年前到一億多年前這段期間結凍了。這段時期，地球上有個名為「羅迪尼亞」的超大陸。這塊超大陸的分裂，據說就是全球結凍的原因之一。大陸分裂後，海岸線增加，流入大海的河川也增加。河川湍急流動，因此有強烈的力量足以削下岩石，於是岩石成分中的鈣離子流進大海裡。鈣離子很容易與二氧化碳結合，所以大氣中的二氧化碳被快速的帶走，失去溫室效應。現在的民眾擔心二氧化碳會造成地球暖化，但當時卻發生了相反的現象。大規模的寒冷終於使得地球結凍。一般天體只要一結凍，就再也無法復原，因為白色地表會反射陽光，導致無法吸熱。

　還好這段時期地球的內部活動造成活躍的火山噴發。火山噴出的二氧化碳氣體再度產生了溫室效應。也多虧如此，一億年後，冰塊終於融化了。

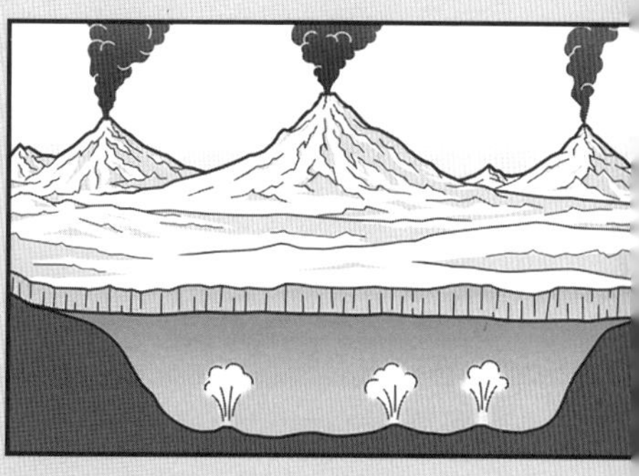

▲ 全球結凍期間，生物繼續在火山或海底熱泉噴口附近努力生存。

特別專欄

生物也會改變地球環境

　一點小小的自然現象，都能大幅改變地球環境，帶來生物滅絕的危機。但相反的，生物也會改造環境。最具代表性的例子就是藍綠菌，它們進行光合作用，產生氧氣，是讓地球表面大氣環境從無氧變成有氧的最大功臣

影像提供／岐阜大學教育學院教授川上紳一

▲ 表面有藍綠菌附著的沉積岩。

環境變化導致生物經歷多次滅絕？

約5億4千萬年前 寒武紀大爆發

突然大量出現各種生物型態

最早的生物誕生於大約三十八億年前。接下來的幾十億年間，生物緩慢演化，直到五億八千萬年前才終於誕生了數十種難以界定為植物或動物的生物（稱為「伊迪卡亞動物群」）。而數千萬年之後到了寒武紀，地球的生態系突然大變，誕生了大量的動物，出現相當於今日動物祖先的物種，這個現象，就稱為「寒武紀大爆發」，發生的原因至今仍不清楚。

約2億5千萬年前 海洋無氧事件

氧氣從海裡消失？

地球史上的生物至少曾經遭遇五次的滅絕危機。科學家表示，大約兩億五千萬年前發生二疊紀末大滅絕時，有高達百分之九十六的海洋生物消失，原因是海洋中沒有了氧氣。目前可信度最高的說法是，大規模火山活動所產生的火山灰，長期遮蔽了陽光，使得海洋植物無法行光合作用，因此大幅改變了海洋生態系。過去盛極一時的三葉蟲絕跡了，取而代之的是雙殼類的軟體動物。

▲ 自寒武紀開始，存活了三億年之久的三葉蟲也在此時絕跡。

地球簡史 ②

古生代

5億4千萬年前
- 寒武紀大爆發

5億年前
- 植物來到陸地上

4億4千萬年前
- 奧陶紀末期的生物滅絕

3億7千萬年前
- 泥盆紀後期的生物滅絕

3億6千萬年前
- 脊椎動物來到陸地上

2億5千萬年前
- 盤古大陸誕生
- 二疊紀末期，史上最大規模生物滅絕

中生代

2億年前
- 三疊紀晚期的生物大滅絕。

1億年前
- 氣候暖化

新生代

6550萬年前
- 巨大隕石的碰撞
- 白堊紀晚期，恐龍等生物滅絕

700萬年前
- 據稱是最早猿人（圖邁猿人）出現

700～100萬年前
- 喜馬拉雅山的海拔急速增高

175萬年前
- 進入冰河時代

20萬年前
- 智人出現

現在

約1億年前 **氣候暖化**

乾燥區增加，植物種類也大改變！

科學家認為在距今約一億年前，也就是恐龍繁盛的白堊紀中期，地球突然急速暖化。當時海底火山活躍，海洋排出大量的二氧化碳，造成溫室效應。急速的暖化擴大了乾燥區的面積，使過去原本在世界各地茂密生長的蕨類植物與針葉林（裸子植物）範圍縮小，相反的，耐旱的闊葉林（被子植物）則開始拓展範圍。

裸子植物是草食恐龍的主食。而當養價值高的被子植物種子和果實，則適合當時屬於弱者的小型哺乳類動物。這樣的植物重新分布，可能影響了三千五百萬年後恐龍的滅絕與哺乳類的鼎盛。

▶侏儸紀的裸子植物「銀杏」的化石。這個時候的銀杏十分巨大。

▶全被子植物森林取代裸子植物並逐漸擴大，與現在的植物分布型態類似。

攝影／OKUYAMA HISASHI

印度造出喜馬拉雅山，真的嗎？

約7百～1百萬年前 喜馬拉雅山隆起

印度大陸與亞洲大陸碰撞形成山脈

包括聖母峰在內，喜馬拉雅山擁有一整群高達八百公尺的山脈群。令人意外的是，它的誕生居然是近期的事。在距今差不多四千萬年之前，原本半島型的陸地印度（稱作印度次大陸），乘著海北上，撞上了歐亞大陸。這樣的碰撞，使得被碰撞的邊界緩緩隆起，成為山脈。到了一千萬年前，隆起的高度大約到達三千公尺。經過計算，科學家認為到了七百至一百萬年前，才達到現在的八千公尺高度。

▲ 約 5500 萬年前。往北走的印度靠近亞洲大陸！

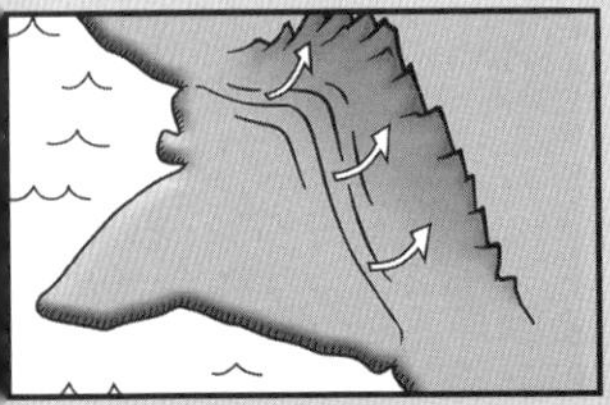

▲ 兩塊大陸相互碰撞。花了很長一段時間，才慢慢長成山脈。

如此壯觀的山脈群，存在著可以改變大自然的力量。印度洋的溼空氣碰到喜馬拉雅山脈所形成的季風，從非洲東海岸到日本這片廣大區域的氣候，都會受到影響。印度次大陸現在仍持續以每年一公分以上的速度，繼續朝北前進，喜馬拉雅山也仍在持續隆起中。

特別專欄

山脈將來可能因為雨水與風力而變成平地嗎？

因為板塊碰撞，喜馬拉雅山每年仍持續隆起約 10 公釐的高度，但雨和風所帶來的侵蝕也會讓它每年約被削減 3 公釐。相減之後，它的確每年仍在變高，不過一旦印度次大陸停止往北前進，喜馬拉雅山就會變矮。久而久之，很可能就會變成平地。

◀ 喜馬拉雅山變成平地？大自然的力量真是驚人。

影像提供／岐阜大學工學院教授　小嶋智

夏威夷來了喔！

啊，是信。
寄給我的航空信件？
什麼嘛，原來是小夫寄的啊。
バサ
ドサ
裡面有很多照片，我有種不祥的預感⋯
果然!!
「像我這麼常出國去玩的人，夏威夷對我來說不算什麼，
不過真的到了夏威夷之後，卻又覺得心曠神怡。
為了與你分享這份喜悅，所以我特地寄這些照片給你。
「我猜你正過著哪裡都沒得去的悲慘暑假吧⋯」
要你多管閒事!!
不可以亂丟照片！

※啪沙

奇妙地球透視鏡Q&A

Q 下一次大陸可能在何時集結成超大陸？ ①約2萬年後 ②約2百萬年後 ③約2億5千萬年後

我們為什麼不去夏威夷玩呢？
暑假時，那裡不也是日本人擠成一堆嘛。
那不是假期的時候呢…
你得上學，爸爸也得上班啊。
到哪裡都好！總之出去玩吧!!
算了啦，不必刻意花那種錢還搞得那麼累。
有這種不喜歡旅行的雙親，我真是超不幸的啊…
我自己去夏威夷也行，借我「任意門」！
為什麼突然這樣說呢？
原來如此，所以你才想去國外旅行…
可是這樣很無聊吧，要去國外旅行還是該搭飛機或是搭船渡海，才能享受到旅行的氣氛吧。
那你有沒有飛機或是船之類的東西？
我沒有。

A ③約2億5千萬年後。大陸可能集合成稱為「終極盤古大陸」的超大陸。另外也有其他超大陸理論（阿美西亞大陸）。

去找靜香好了。
進來坐吧！
大家正好都來了呢！
大家都來了!?
是大雄啊，最近天氣還真熱呢。
這個暑假開心嗎？我們今天是來分享之前度過暑假的方法呢。
總之你們都想欺負我……
好啦，有照片還是什麼的就都拿出來吧!!
那你先看我的天文照片吧。
天文照片？
難得有假期嘛，我每天晚上熬夜拍星辰和月亮。
喔——哪裡也沒去，好佩服你喔！

奇妙地球透視鏡Q&A

Q 大陸地殼與海洋地殼的岩石種類不同。何者比較重？①大陸地殼的岩石 ②海洋地殼的岩石

要是可以，其實我想去月球或是火星！
拜託，怎麼可能到得了啊！
可是這夢想不錯喔！
靜香妳去了北海道啊。
我買了很有趣的東西喔。
這是什麼？
這是球藻，是阿寒湖裡的一種水藻。
球藻？
妳居然帶這麼大的球藻回來，要長成這樣的大小可是要數十年的光陰啊！
而且它不是已經列為天然保育物嗎⋯
我知道啊，這是仿造拿來賣的紀念品。
原來如此⋯
嚇了我一大跳呢。
我的可不是那種便宜紀念品，
這可是在當地取得的實物喔！
什麼實物？
你在哪裡拿到的？
就在這裡！
在山口縣的秋芳洞。

A ②海洋地殼的岩石。海洋地殼的岩石是較重的玄武岩，大陸地殼的岩石則是較輕的花崗岩。

Q 印度次大陸與歐亞大陸合併之前，原本是與澳洲大陸相連的。這是真的嗎？

我扳了鐘乳石的尖端帶回來。
過分！你怎麼可以做這種事!!
我記得鐘乳石是被政府明令禁止開採的！
那可是由地下水中的微量碳酸鈣慢慢溶解、堆積，可能要經過幾百年、幾千年才能形成的耶！
對啊！搞不好是要數萬年之久呢!!
有那麼嚴重啊……我只是一時興起…
你還敢說！你完蛋了!!我要去叫警察抓你，等著被判死刑吧!!
你欠揍啊！大雄憑什麼這麼囂張!!
我玩得太過頭了…
沒關係，胖虎本來就不應該做這種事的。
可是…大家都過了很充實的暑假呢…

「歲月壓縮槍」。
這是用來讓原本需要經過長久歲月才能形成的現象，得以加速完成的道具。
那又怎樣呢!?
你沒得出去玩的確很可憐，所以我打算用這個帶你去夏威夷喔。
真的嗎？要怎麼去呢？
你先別急，等晚上再來弄。至於怎麼去，到時候你就知道了。
幹嘛賣關子嘛!!
你們好~請問哆啦A夢在家嗎？
怎麼了，這麼晚過來？
沒想到是你。
仔細想想…我犯了無法彌補的錯…能幫我復原嗎？
好，既然你知道錯了，我來幫你。
正好把「歲月壓縮槍」拿來試用看看！

A 真的。印度與澳洲位處於同一個板塊上。澳洲也正在一點一點靠近歐亞大陸。

Q 表示地震大小的單位是芮氏地震規模（M）。M1和M2的規模相差幾倍？

① 2

② 8

③ 32

喔——這裡就是秋芳洞啊！
到處都是鐘乳石和石筍呢……
※滴答
我扳下來的地方是在……
就是這裡。
ポタ・・・・
鐘乳石是由地下水中的微量碳酸鈣點滴形成的，
像這樣的規模要花上許久時間才能形成。
不過用「歲月壓縮槍」照射後……
※滴答滴答
ポタ
ポタ
※嘩唰
原本需要幾百年才能形成的現象，可以一下子就完成。
復原完成，比之前還稍微大一點呢。

A ③ 32倍。差一個數字，規模就相差甚大。差兩個數字的話，規模甚至相差一千倍之多。

謝謝你們，我的心情輕鬆多了！
好厲害喔，我也想用看看。
你要用在哪裡？
北海道的阿寒湖啊。
我要把小小的球藻弄大一點！
你弄太大了啦!!
※啪嘩
引起騷動就不好了，用「逆光線」把球藻恢復原狀吧！
對了，要怎麼去夏威夷？
我們先到海邊去！

※沙沙
ザ・ザァ・・・
這片海正好面向夏威夷的方向。
方向應該是那邊。
※射
チュン
然後呢？
……
ザザザァ・・・
好了，現在很快就會到夏威夷了。
※沙沙沙
別鬧了！怎麼可能划這種小船去呢？
因為夏威夷靠過來了，
應該已經到了這附近才對。
地球的表面由許多大陸板塊覆蓋著，
夏威夷群島所屬的太平洋板塊，每一年正以數公分的速度往東移動著。
所以，在壓縮經年累月的時光後，夏威夷就會離日本很近了…

Q 海溝是海洋板塊下沉的地方。日本海溝是全世界最深的海溝。這是真的嗎？

※啪嘰

在黎明前…這個無人的海灘就像被我包下來一樣。
パチャ……
ポチャ……
啊，是小夫耶！
嗨！夏威夷之旅好玩嗎？
我們？是從日本划船來的啊…
這…這…這…
怎…怎麼可能啊!!
按下「還原鈕」就能恢復原狀了。
所以用在那個上也行囉？借我一下。
？
我聽說過月球的軌道會漸漸的離地球越來越近…

A 假的。關島與塞班島附近的馬里亞納海溝才是最深的海溝，水深 10960 公尺。日本海溝的深度只有 8020 公尺。

陸地在移動，真的嗎？

划這種小船去呢？
因為夏威夷靠過來了，

大陸乘著地球內部地函的岩漿移動

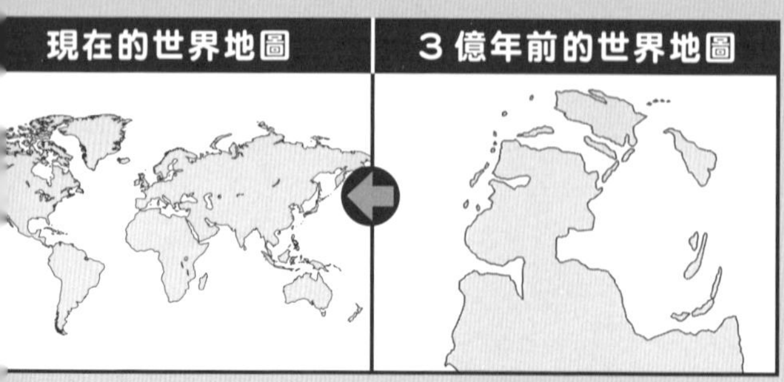
現在的世界地圖
3億年前的世界地圖

第一個超大陸「妮娜大陸」誕生後，經歷了三次以上（也有說法認為是八至九次）的合併與分裂。這些板塊在軟流圈上互相移動。在岩石圈的上半部就是我們生活的大地，稱為「地殼」，厚度為三十至五十公里。地殼底下越深的地方就越熱。在地殼之下，一路到達兩千九百公里深的地方，稱為「地函」，這個區域進行著熱對流，而大陸就是乘著地函的岩漿移動的。

地球內部構造

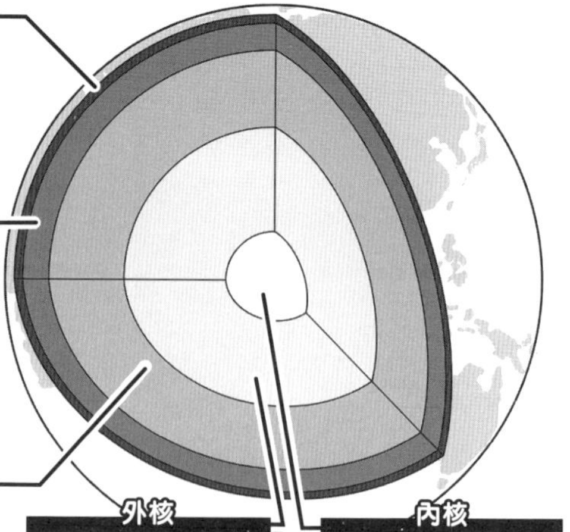

地殼

由大陸地殼與海洋地殼構成，最大厚度也只有50公里。

上部地函

深度約自地殼以下到670公里處。越深的地方，溫度越高且越軟。

下部地函

深度670～2900公里處的岩石結晶層。較上部地函更高溫、高壓，會發生稱為「地函對流」的流動現象。

外核

位在深度2900～5100公里處。溫度很高，主要成分呈現為液態的鐵和鎳。

內核

位在深度5100～6400公里。溫度超高，鐵和鎳在這裡因高壓呈現為固態。

整個世界在十二塊板塊上移動著

地殼與地函最頂端的堅硬部分合稱為板塊，也就是岩石圈。板塊一共分成十二塊，每一塊都朝著不同方向移動。舉例來說，太平洋板塊每年往西移動約十公分沉入日本海溝裡。印澳板塊主要是沉入歐亞板塊底下。這樣聽來，各位或許會擔心板塊下沉的話，陸地是不是也會消失？然而有板塊消失，也會有板塊生成喔！板塊消失的地方是隱沒帶，板塊生成的地方就是中洋脊。海洋板塊的中心受到遠處隱沒板塊的拉扯漸漸變薄，於是較熱、有浮力的地函物質就有機會上升、冷卻，變成新的海洋板塊，而這個上升處，就稱為中洋脊。

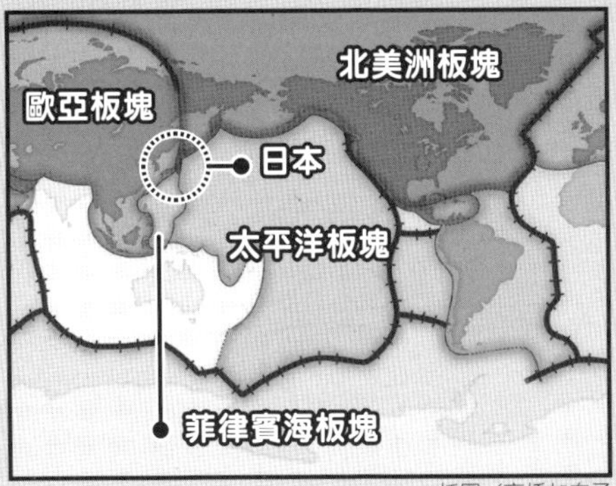
北美洲板塊
歐亞板塊
日本
太平洋板塊
菲律賓海板塊

插圖／高橋加奈子

▲板塊下沉的地點容易發生地震。位在四個板塊上頭的日本也因此被稱為地震大國。

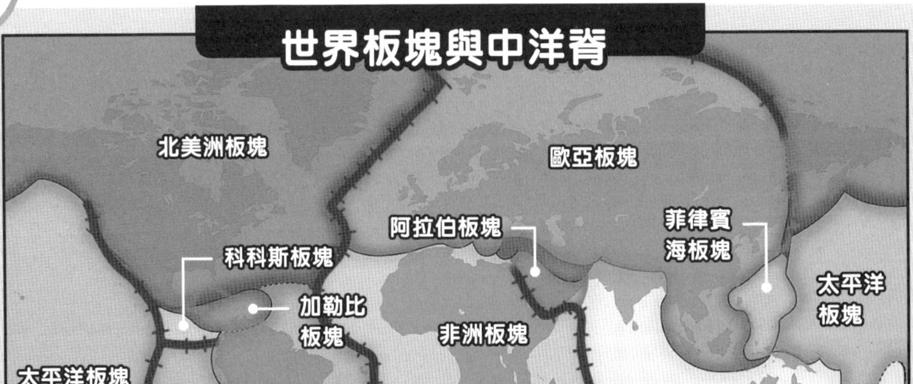
世界板塊與中洋脊
北美洲板塊
歐亞板塊
阿拉伯板塊
菲律賓海板塊
科科斯板塊
加勒比板塊
非洲板塊
太平洋板塊
太平洋板塊
印度洋中洋脊
南美洲板塊
大西洋中洋脊
印澳板塊
納斯卡板塊
南極板塊
東太平洋中洋脊

插圖／高橋加奈子

▲以 ⊢⊢⊣ 標示的地方是中洋脊。有些研究者會更進一步細分板塊的數量。

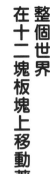

地球的表面由許多大陸板塊覆蓋著，

爲什麼會發生地震？

板塊的交界最容易發生地震

解釋為什麼板塊會移動、地表地貌如何形成的理論，稱作「板塊構造學說」。板塊一移動，自然會和鄰近的板塊相互作用，這也是引發地震的原因。板塊構造引起的地震共有三類。一種是「板塊邊界型地震」。海洋板塊下沉隱沒到大陸板塊底下時，應力會在兩板塊的接觸面上累積，長期累積的應力，總有一天會達到破裂的臨界值，這時兩個板塊的接觸面上產生錯動，地震就會發生。第二種類型是「海洋板塊內地震」。海洋板塊逐漸下沉，最後終於無法承受自己的重量而斷裂，這個衝擊傳到地表上就形成地震。最後一種是「大陸板塊內地震」。板塊相互運動所累積的應力，是能傳遞到板塊內部的，在這種情況下，只要達到岩石的破裂臨界值，地底岩盤會破裂引發斷層滑動，這就是地震。斷層滑動有四種型態，如下圖。

正斷層

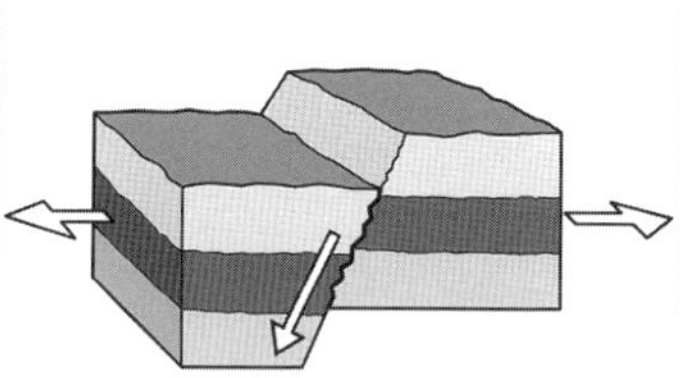

岩盤受到水平張力而形成的斷層面，而且上盤（斷面上方的岩層）下滑，稱為正斷層。

逆斷層

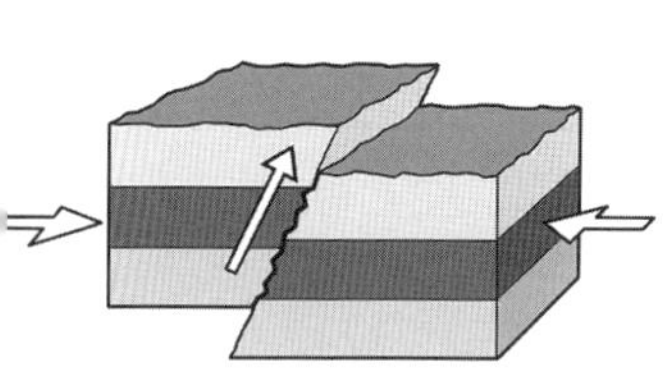

與正斷層相反，岩盤受到水平推力而形成斷層面，而上盤往上推起。

平移斷層

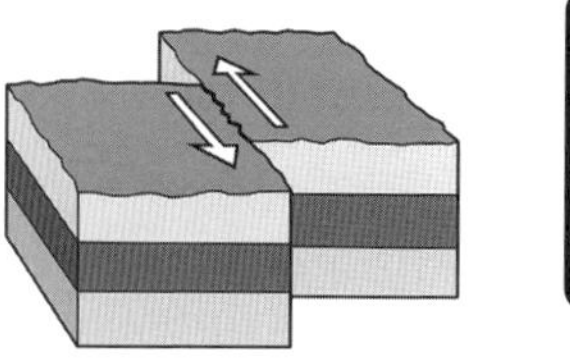

岩盤斷面水平滑動。站在一塊斷盤上看另一塊斷盤，往右移動的稱為右移斷層；往左移動的稱為左移斷層。

活動斷層

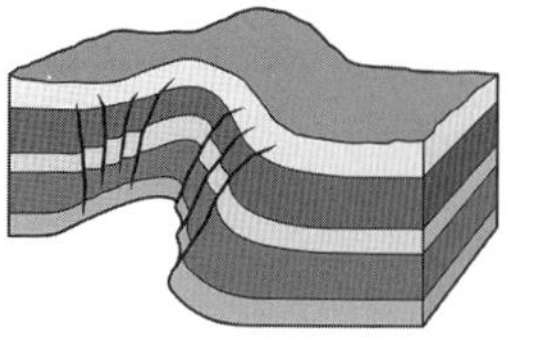

意指過去 40 萬年內曾經發生地震的斷層。如上圖所示，還有一種斷層是在褶曲山脈中。

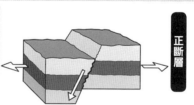

構造型地震的分類

① 板塊邊界型地震

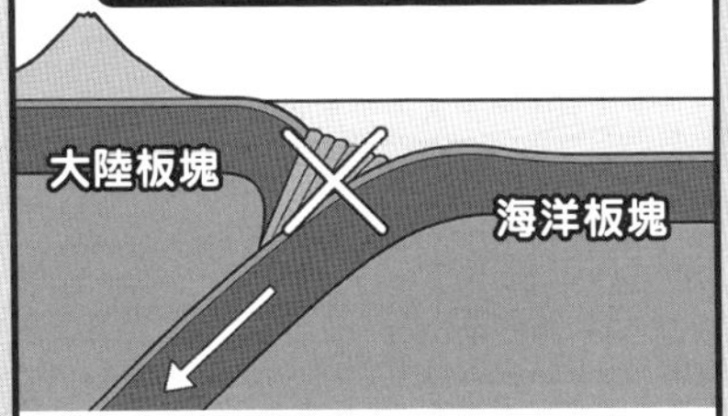

多個板塊連動彈起的話，有時會引起規模 8 以上的強震，也可能引發海嘯。

② 海洋板塊內地震

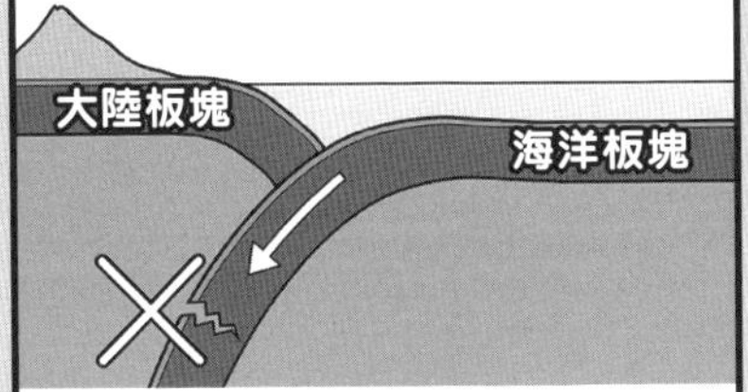

震央較深，因此規模雖大，造成地表的破壞或搖晃程度較小。但有時會引發海嘯，造成嚴重損害。

③ 大陸板塊內地震

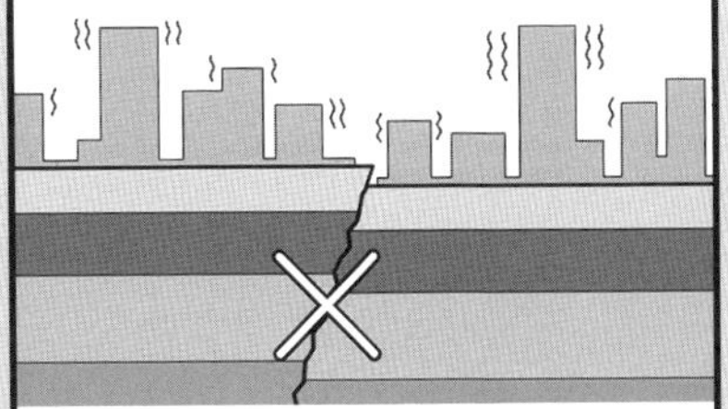

規模雖然較板塊邊界型地震小，但是震央較淺，因此容易導致重大損害。也稱為內陸地震（註：日本稱「直下型地震」，指的是發生在大城市及其周圍地底的地震）。

火山活動也會引起地震

火山活動也會引起地震。火山下方有許多岩漿通道，讓岩漿上升、噴發。這類岩漿活動也會對地殼施加應力，引發地震。另外，岩漿的熱會引起水蒸氣，噴發時一併帶出地表。這些水分一口氣蒸發時，體積也膨脹了數千倍，因此會破壞原本的岩漿通道，造成地面隆起或下沉。

全球火山分布圖

火山型地震的規模遠比構造型地震小，震度多半在一以下，身體不易感覺到搖晃，不過也是有可能出現極為罕見的芮氏地震規模七的強震。假如地震發生的同時造成了火山噴發，除了地震的搖晃外，還必須留意火山彈和火山碎屑流等。

日本附近的火山帶在這邊。

全球地震當中，有一成發生在日本

日本位在四個板塊上，是擁有七個火山帶的地震帶！

在第八十三頁曾稍微提過，日本位在四個不同的板塊上，而且擁有七個火山帶。地球上每年發生的所有地震中，就有一成發生在日本，可謂地震大國，也因此日本在地震的研究上獨步全球。儘管如此，我們仍然無法事前預測地震。平時就要具備防災概念，是避免地震災害的關鍵。

日本的火山與板塊
北美洲板塊
太平洋板塊
歐亞板塊
菲律賓海板塊

日本列島是何時、如何誕生？

日本列島是何時、如何誕生的呢？科學家認為日本原本位在大陸東邊的海岸線附近，在距今約五千萬年前開始凹陷，因此逐漸脫離大陸，最後完全分離。到了一千五百萬年前，日本海擴大，吸收了太平洋板塊運來的海洋沉積物繼續增大。在約一萬兩千年前形成現在的形狀。

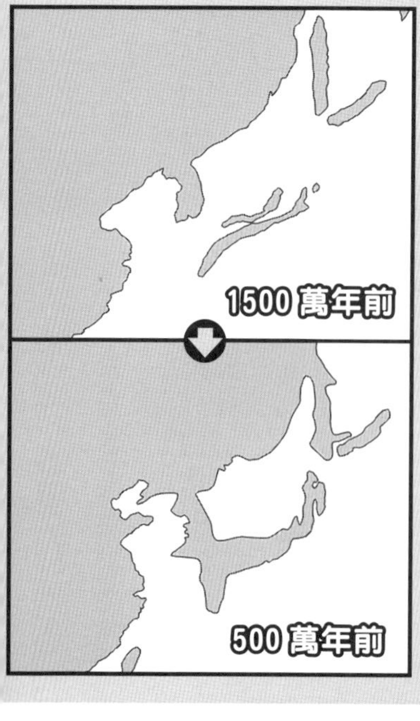
1500 萬年前
500 萬年前

製作無人島

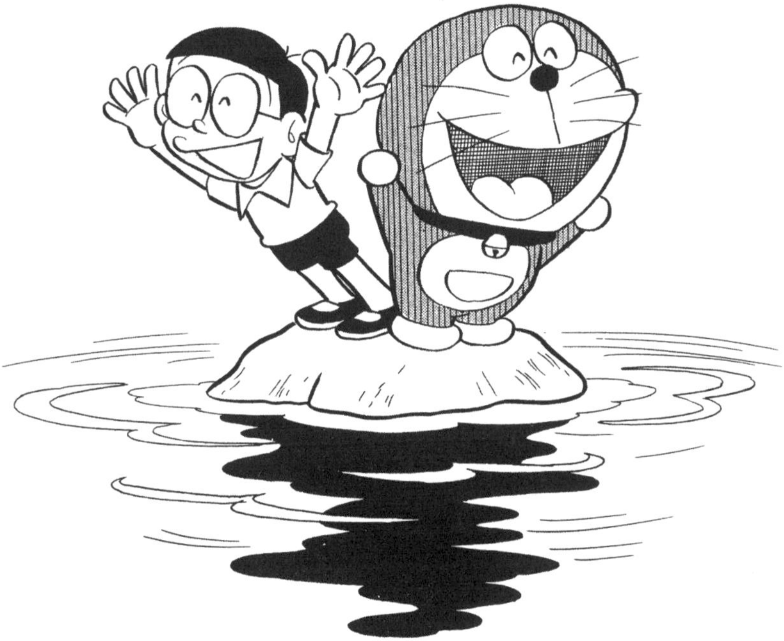

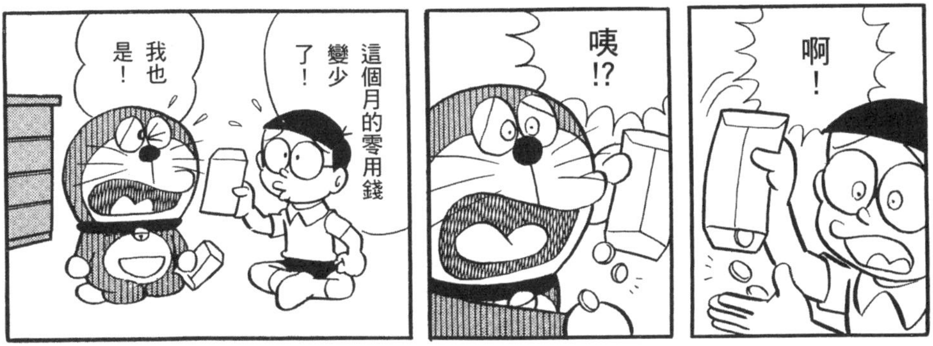

啊！
咦!?
這個月的零用錢變少了！
我也是！

※咚噠
我要去抗議。
贊成！
ドドドド
咦…？要我少抽煙？
因為這個月房租上漲，錢快不夠用了。
好吧，我知道了。
只要擁有自己的家，就不必付房租了。
你說得倒簡單。
現在的日本很難買得到土地的。
因為很貴啊…少說也要幾百萬或幾千萬…
有沒有製造土地的機器？
你又在胡說八道了。
土地做好要擺哪裡？
隨便找塊空地……
對喔，還是行不通。

奇妙地球透視鏡Q&A

Q 夏威夷群島的第一座島嶼形成於何時？①約30萬年前 ②約3千萬年前 ③約3億年前

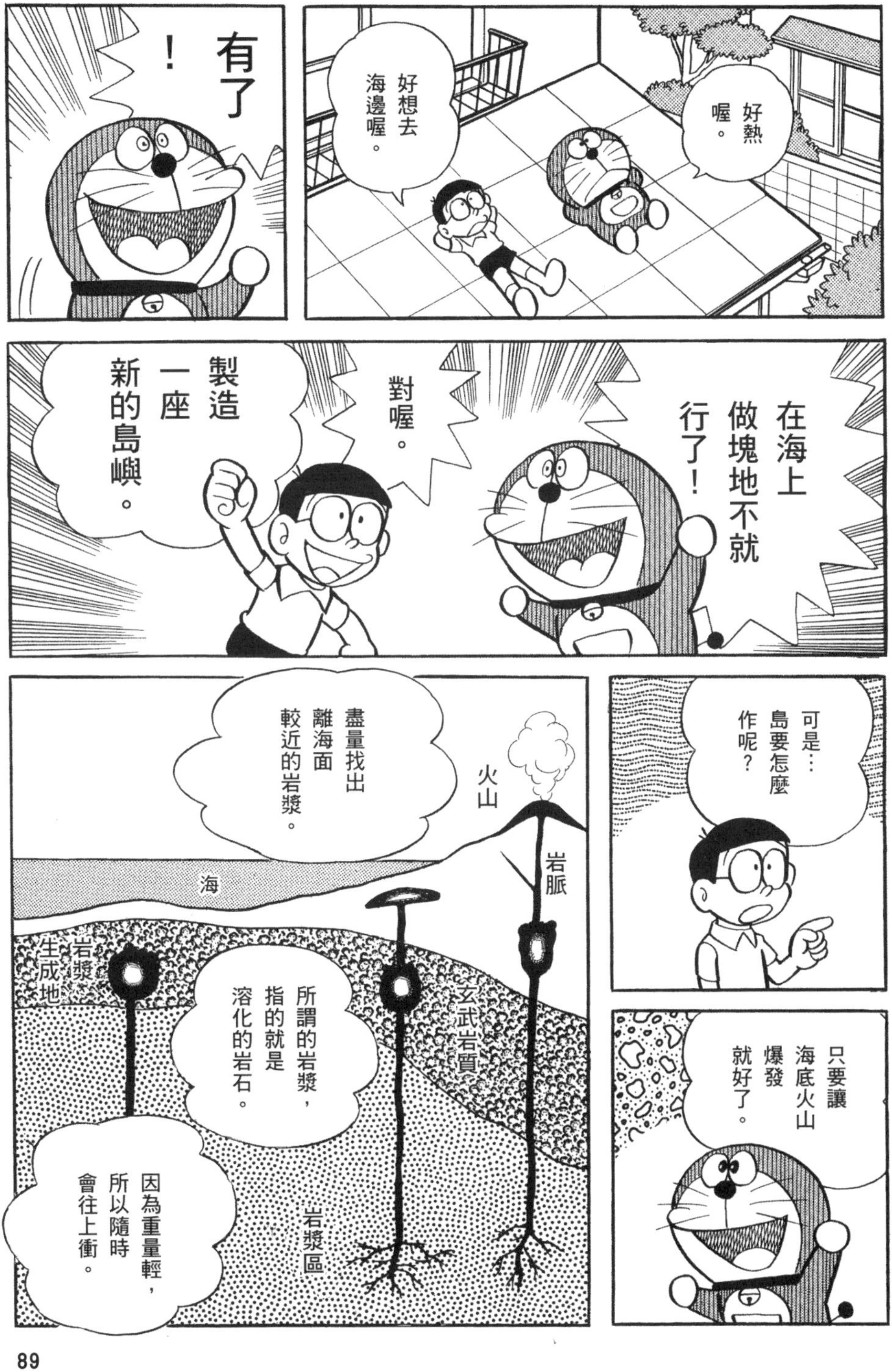
好熱喔。
好想去海邊喔。
有了！
在海上做塊地不就行了！
對喔。
製造一座新的島嶼。
可是…島要怎麼作呢？
只要讓海底火山爆發就好了。
盡量找出離海面較近的岩漿。
火山
岩脈
海
岩漿生成地
玄武岩質
岩漿區
所謂的岩漿，指的就是溶化的岩石。
因為重量輕，所以隨時會往上衝。

A ②約3千萬年前。形成於長期在相同位置持續噴發岩漿的熱點上。

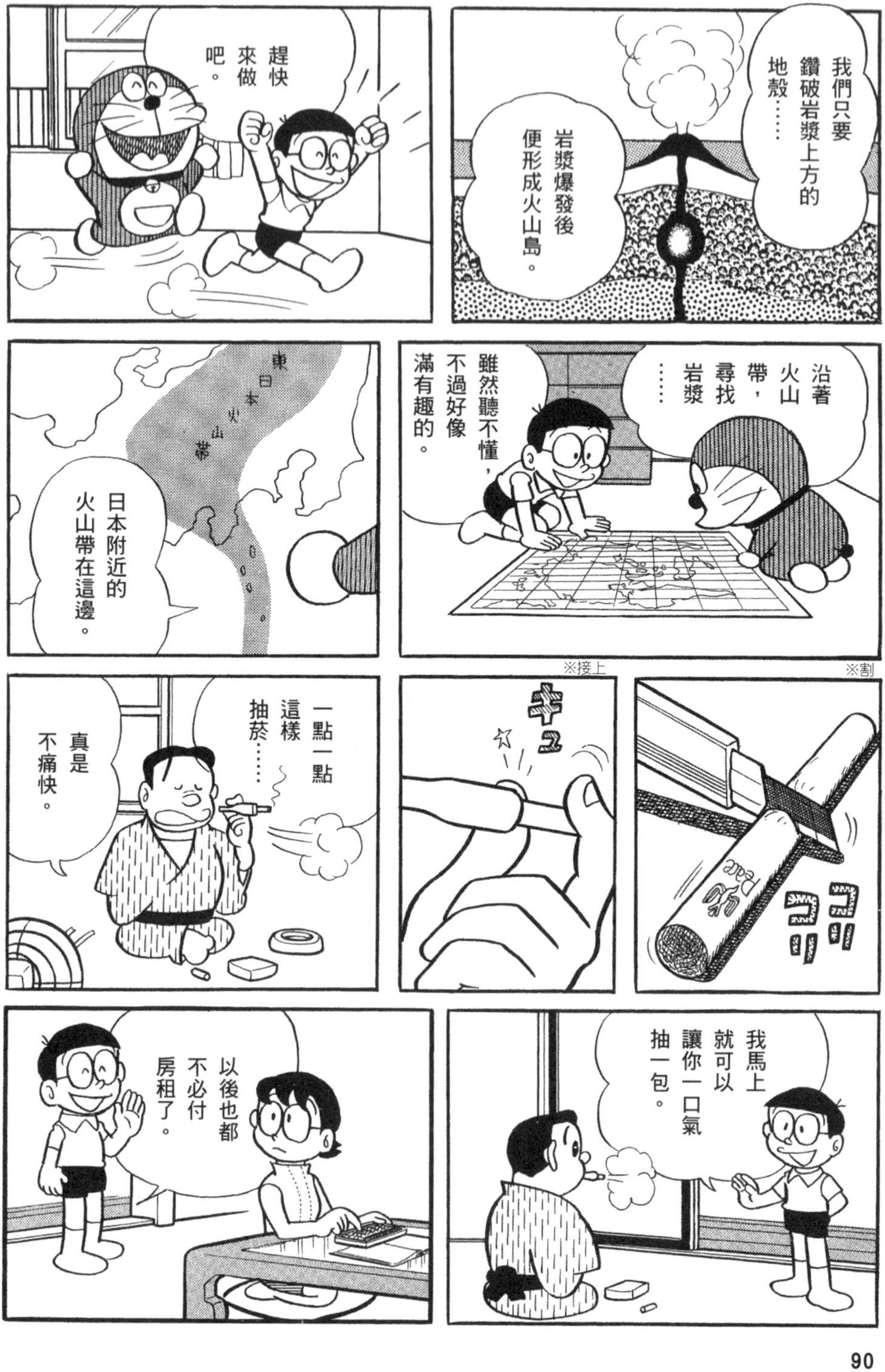
我們只要鑽破岩漿上方的地殼……
岩漿爆發後便形成火山島。
趕快來做吧。
沿著火山帶，尋找岩漿……
雖然聽不懂，不過好像滿有趣的。
東日本火山帶
日本附近的火山帶在這邊。
※割
コリコリ
※接上
キュ
一點一點這樣抽菸……
真是不痛快。
我馬上就可以讓你一口氣抽一包。
以後也都不必付房租了。

暑假的時候，我要作虎式戰車。
我要作大和號戰艦。
跟我要做的東西比起來，
實在太幼稚了。
準備好了，可以出發囉！
大雄的潛水裝備
空氣栓
塞進鼻子裡能過濾海水中的氧氣，便可在水中呼吸。
深海乳霜
塗抹在身上，即使潛入深海中也不受水壓影響，並可抵禦冰冷的海水。
SUBMAR
淡水吸管
透過這個吸管，海水就能成為可飲用的淡水。
哆啦A夢，可以做多大的島啊？
這依噴出的岩漿量而定。

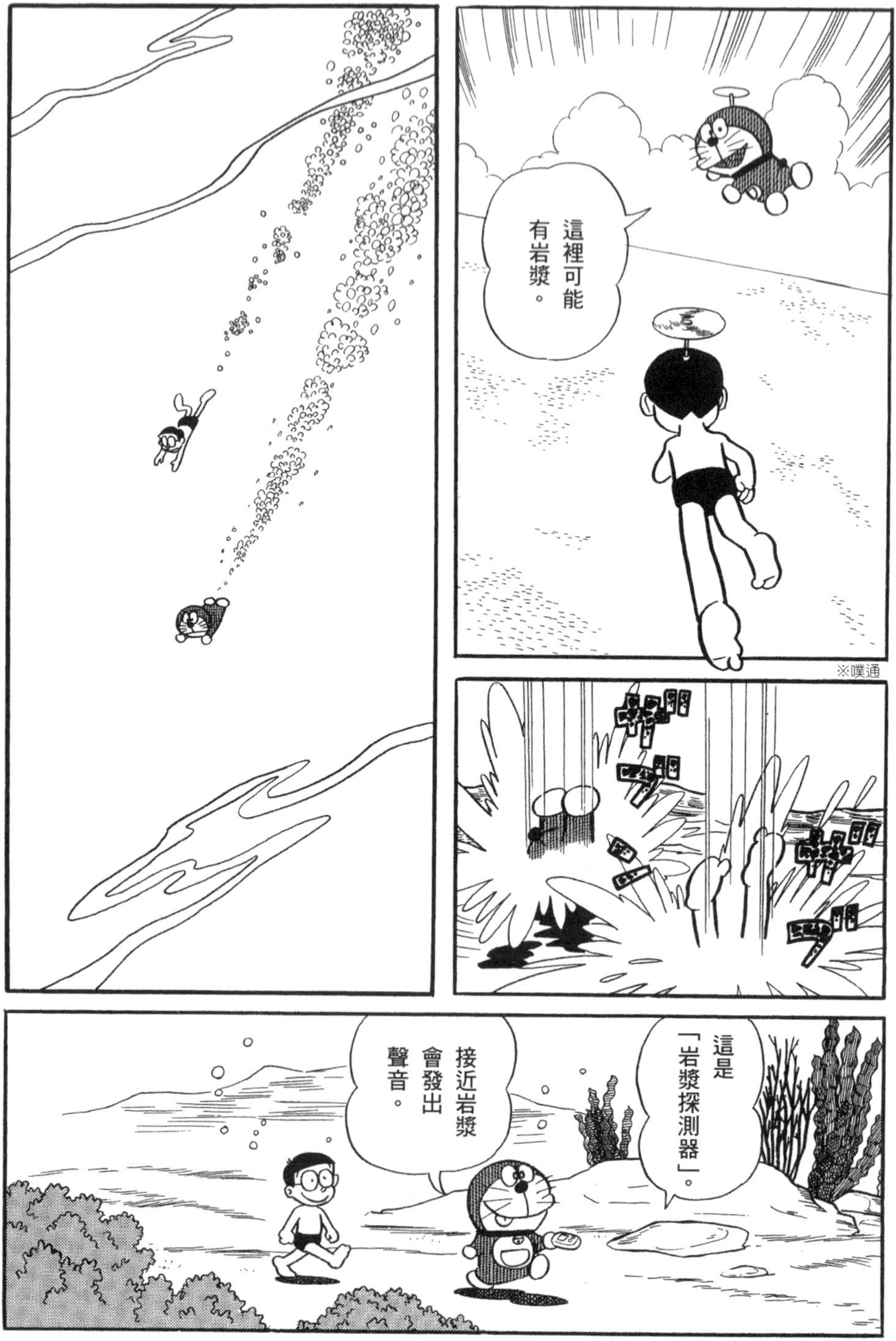
這裡可能有岩漿。
※噗通
這是「岩漿探測器」。
接近岩漿會發出聲音。

奇妙地球透視鏡Q&A

Q 科學家預測地球內核所含的金屬中，含量僅次於鐵的是何者？①金 ②鋁 ③鎳

A

③鎳。落到地球的鐵隕石中含有鎳，因此科學家預測地球內核也含有同樣比例的鎳。

哆啦A夢，
我們做好的島……
可以分一些土地給大家嗎？
當然可以啊。
等等，那要分給胖虎和小夫嗎……
看到他們我就一肚子火……
可是又不忍心排擠他們。
對了！分他們一些，大概3.3平方公尺就好。
給靜香1000平方公尺，
好耶！就這麼辦。
那些以後再說，好了嗎？
吵死了！
我還沒找到岩漿嘛……
島的名字就叫「大雄樂園」吧！
可是，這樣對哆啦A夢說不過去。
「大雄A夢樂園」好了。
好遜的名字。
到底叫什麼好……
隨便啦。

好慢喔！
我走不動了啦。
你太心急了啦！
海底可是很大的耶。
※嗶嗶嗶
マグ マグ マグ マグ
在這裡!!
該怎麼讓它爆發呢？
「強力熔岩機」。
※咕嚕咕嚕
にゅう
※掏出
ゴボ ゴボ
等一下地殼就會軟化。
岩漿就會衝破地殼噴發出來。

奇妙地球透視鏡Q&A

Q 天然鑽石與人工鑽石何者較硬？①天然鑽石 ②人工鑽石 ③相同

A ②人工鑽石。比起天然鑽石，人工鑽石的結晶更細、更緊密，因此較硬。

魚兒們全都在逃離。
牠們感覺得到嗎？
跑這麼遠，應該沒事了吧？
啊！你看那邊！
海面都隆起了。

奇妙地球透視鏡Q&A

Q 二十世紀前期曾經出現地球空心論。否定這項說法的根據是地球重力。這是真的嗎？

再過幾天島就會成形了。
在東京跟那座島中間蓋地下鐵。
做個十分鐘就能抵達的列車。
好期待大雄樂園的誕生喔！
家裡改建時，我的房間要二十個榻榻米大。
還要建爸爸的書房跟媽媽的休息室。

A 真的。假如地球是空心的話，地表上所有東西都會因為自轉時所產生的離心力，被甩到外太空去。

你們居然敢欺負我!?
我決定了！不讓你們到大雄樂園去……
？
他在說什麼？
不懂。
一定又是哆啦A夢給他什麼好玩的道具了。
雖然一頭霧水，還是讓我們去吧！
好嘛～大雄。
我們也可以去嗎？
什麼是大雄樂園啊？
不久你們就會知道了。
等待的日子好漫長喔。
在八丈島附近的海面發現新的島嶼。
好像好了耶。
快去看看！

奇妙地球透視鏡Q&A

Q 喜馬拉雅山脈超過八千公尺高的山峰只有聖母峰（或稱珠穆朗瑪峰）。這是真的嗎？

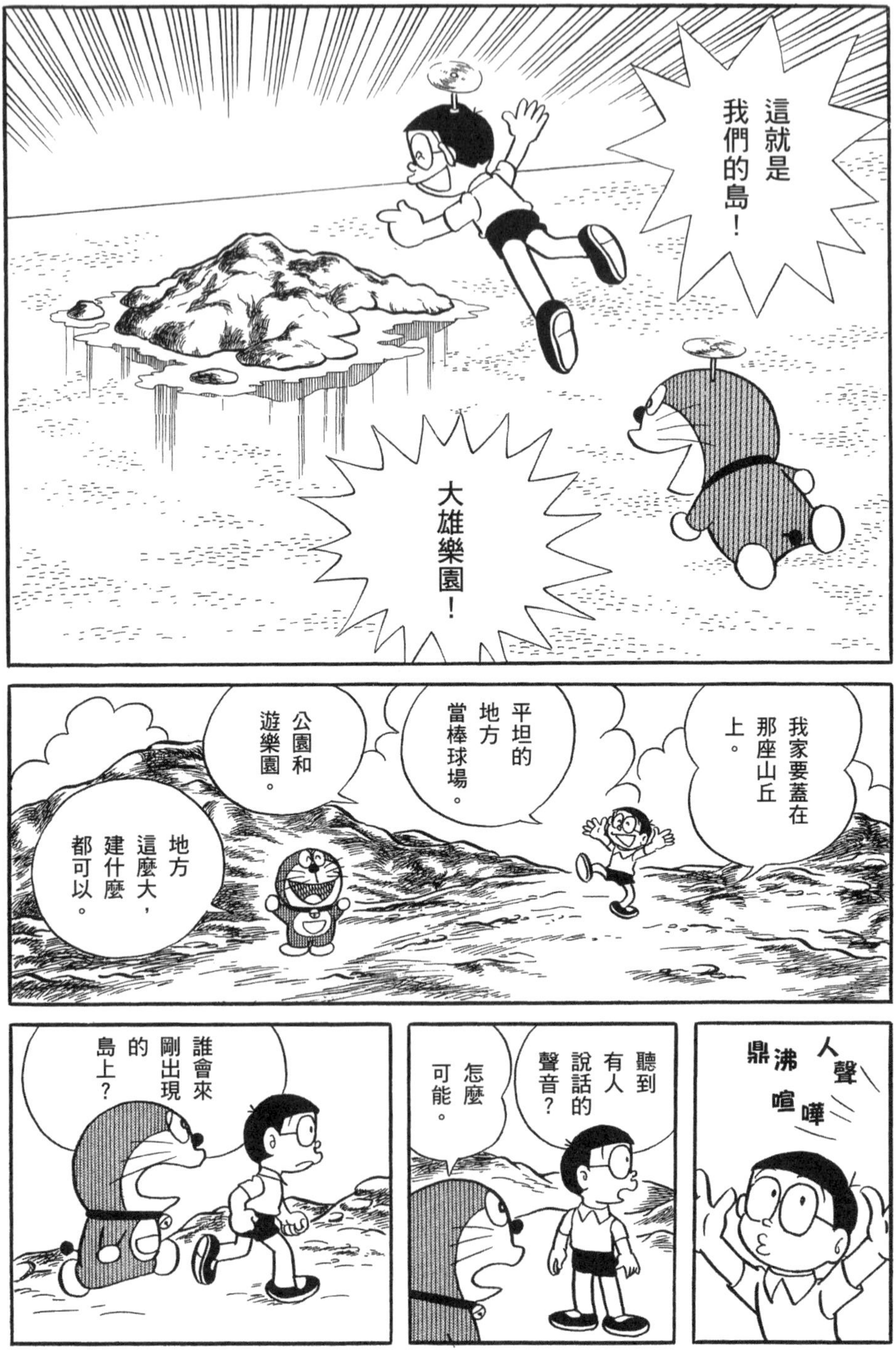

這就是我們的島！
大雄樂園！
我家要蓋在那座山丘上。
平坦的地方當棒球場。
公園和遊樂園。
地方這麼大，建什麼都可以。
人聲鼎沸
喧嘩
聽到有人說話的聲音？
怎麼可能。
誰會來剛出現的島上？

丸角建設
本公司要在這裡蓋休閒設施。
用地
我們要蓋別墅的。
我們是最早來的。
亂講，我們才是！
觀光
請各位立刻離開!!
在日本領海形成的島嶼，為日本政府所有，這座島是國家的土地。
什麼!?
地
大雄，你說的新土地還沒好嗎？
不要再釣我們胃口了，快帶我們去大雄樂園吧！
快拿出在空中製作土地的道具。
哪有這種東西!?

假的。聖母峰的高度是8850公尺，第二高的K2峰也有8611公尺。超過八千公尺的山峰一共有14座。

我們只要鑽破岩漿上方的地殼……
岩漿爆發後便形成火山島。

地球內部是什麼樣子？

越靠近地球內部，溫度越高，內部是由很重的物質所構成？

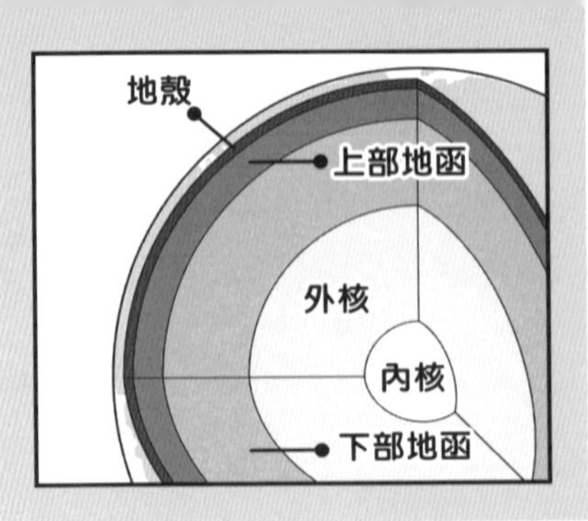
地殼
上部地函
外核
內核
下部地函

在第八十二頁中曾經提到過，地球的構造從外而內依序可分為：地殼、上部地函、下部地函、外核、內核這五層。越靠近核心，溫度越高。上部地函最深處大約有攝氏一千五百度，下部地函的最深處是攝氏四千度，外核最深處是攝氏六千度，內核的溫度更高。另外，構成每一層的物質也是越靠近核心越重。地球與飄流在太陽系的無數岩石相互碰撞、融合後誕生。隨著地球越來越大，岩石中所含的鐵等較重的物質受到引力吸引，逐漸下沉到地球核心。

板塊誕生自哪裡？最後會變成什麼模樣？

在八十三頁曾經提到新的海洋板塊來自中洋脊。左上圖可簡單說明板塊的誕生經過。那麼下沉隱沒的板塊又會變成什麼模樣呢？目前的推論是，這些板塊大部分會堆積在上部地函的底部，層疊到最後破裂，或者掉進地核和地函的邊界上。下沉的板塊會將四周的地函往上推擠，於是中洋脊就會再度產生新的板塊。

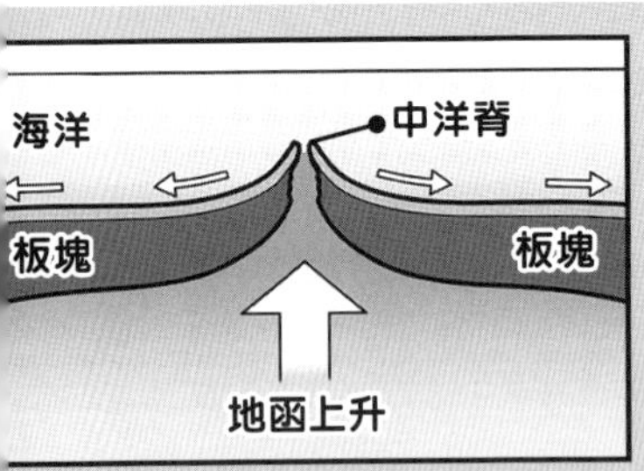
海洋
中洋脊
板塊
板塊
地函上升

▲上升的地函變成岩漿自中洋脊噴出，冷卻後成為新的板塊。

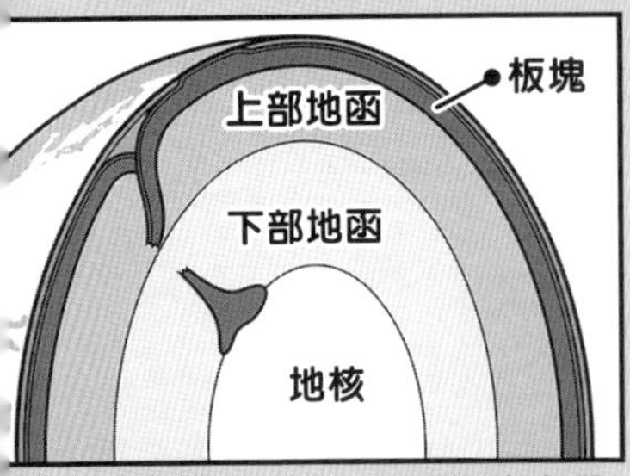
板塊
上部地函
下部地函
地核

▲隱沒、破裂的下沉板塊會嚴重影響到地函的軟流圈。

為什麼地球內部現在仍是高溫狀態？

插圖／高橋加奈子

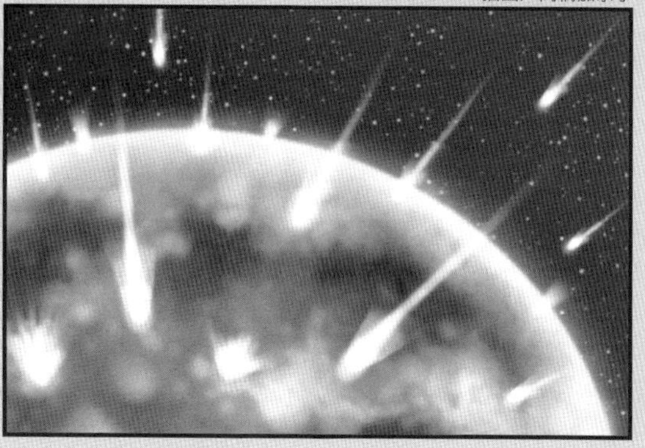

內核溫度據說有六千度以上。地球中心為什麼這麼熱呢？科學家認為，原始地球因為生成時星體相互碰撞生熱，因此像岩漿一樣。有些主張認為當時的熱能仍留在地球內部。但是四十六億年前誕生的地球，有可能繼續保有當時的熱能嗎？抱持這種懷疑的研究者提出了「放射性物質說」，主張地球核心除了鐵之外，還有放射性物質（例如鈾和鉀）。這些放射性物質隨著時間演化，原子核因為放射出某種粒子，而蛻變為另一種原子核，在這過程中同時會釋放出大量的熱。這就是放射性同位素衰變。

看不見的地球內部構造，可利用地震波進行調查？

即使擁有最新的挖掘技術，人類仍無法挖掘到地函，目前也還沒有人見過地球內部。那我們為什麼能夠知道內部的模樣呢？事實上，科學家是利用地震波進行調查。地震能量的傳遞包括了可通過液體的P波，以及無法通過液體的S波。經由P和S波到達時間的觀測，可以推測每個傳播路徑（下圖的每一條曲線）走的距離與傳播的速度。而地震波通過的速度，也會因為物質、溫度或壓力而改變。藉由地震波在地球內部傳播的速度，可以讓我們知道地球內部的分層。

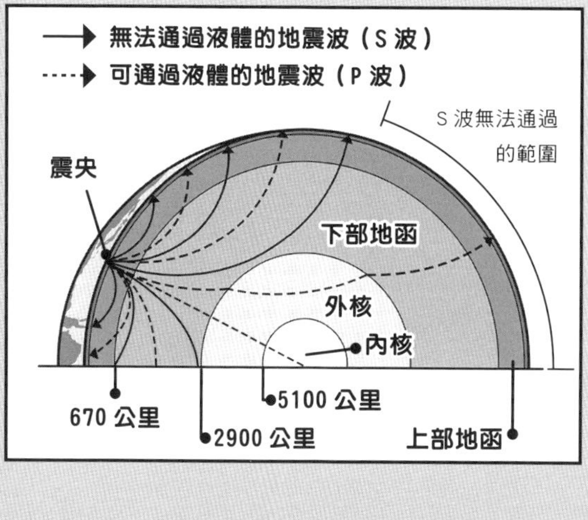
無法通過液體的地震波（S 波）
可通過液體的地震波（P 波）
S 波無法通過的範圍
震央
下部地函
外核
內核
670 公里
2900 公里
5100 公里
上部地函

為什麼會有火山活動？

火山活動是地球釋放內部熱能所引發的現象

火山是地球內部的岩漿噴發至地面上之後，由其灰燼和噴發後冷卻的岩石堆積而成的小山。火山底下有個堆積岩漿的岩漿庫，裡頭的岩漿隨時都想要往上衝。一旦岩漿從地殼較脆弱的地方或裂縫噴出來，就造成火山爆發。容易形成火山的地方有三處，一處是中洋脊，板塊朝兩側裂開之後，岩漿就容易從裂縫處噴出。第二處是板塊下沉的地方，看看下圖就能夠明白這個位置為何容易形成火山。第三處是熱點，夏威夷群島就是典型的例子。接下來將會詳細說明。

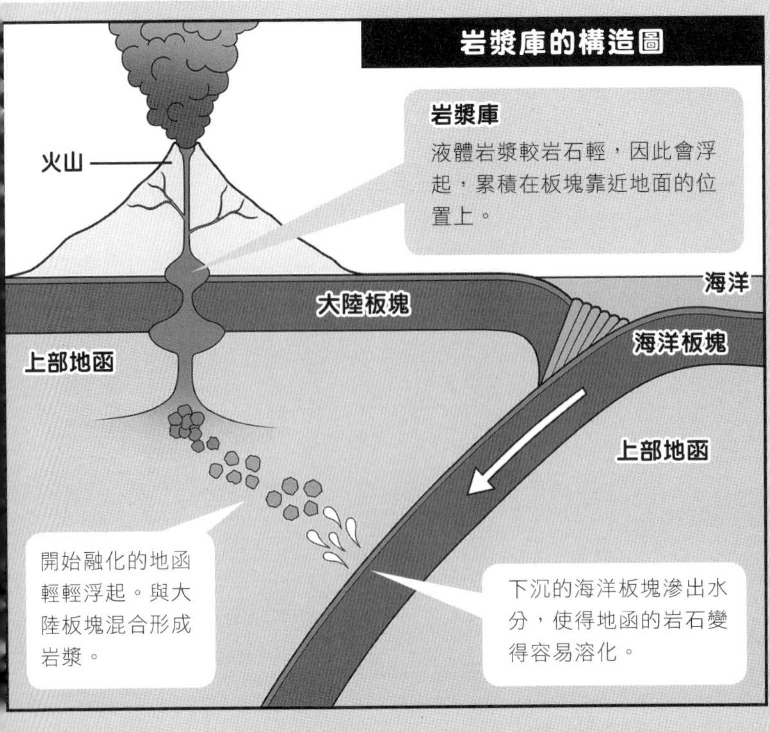
岩漿庫的構造圖
岩漿庫
液體岩漿較岩石輕，因此會浮起，累積在板塊靠近地面的位置上。
火山
海洋
大陸板塊
海洋板塊
上部地函
上部地函
開始融化的地函輕輕浮起。與大陸板塊混合形成岩漿。
下沉的海洋板塊滲出水分，使得地函的岩石變得容易溶化。

什麼是熱點？夏威夷其實是火山島？

一般的火山活動其實就是地函物質上湧所造成的，在哪裡會出現呢？通常會出現在上覆板塊張裂的地方（像中洋脊），或是當重的板塊隱沒到輕的板塊下方時。在深處因為高熱，岩石部分熔融後，想盡辦法穿過較脆弱的岩石圈上到地表（像火山島弧）。這兩種火山活動的地點，剛剛好都是板塊邊界！一個是張裂型、一個是聚合型。

而「熱點」火山活動區，則是在遠離板塊邊界被發現的。它們孤零零的落在板塊中間。這樣的火山是怎麼形成的呢？事實上科學家已經證明，岩漿的來源竟然可以到達地函的最底部，這樣的熱源，一路穿越一、兩千公里的地函，向上到達地表。夏威夷群島就是以這種方式形成的火山島所組成的。

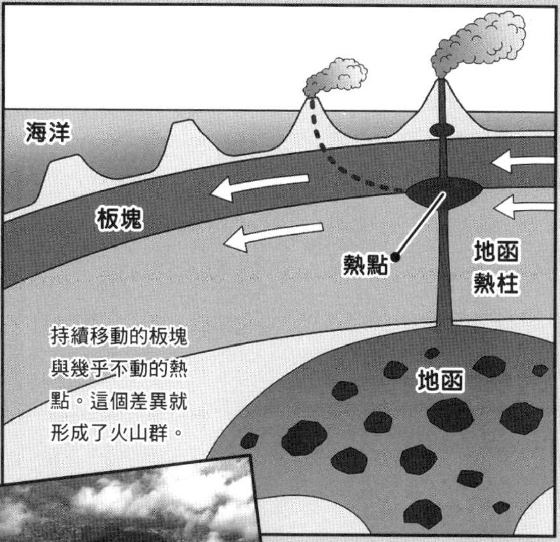
海洋
板塊
熱點
地函
熱柱
地函
持續移動的板塊與幾乎不動的熱點。這個差異就形成了火山群。

▲熱點製造出來的夏威夷群島。大西洋與非洲也有許多熱點。

影像提供／岐阜大學教育學院教授 川上紳一

特別專欄

富士山裡埋著兩座以上的山岳

日本最有名的山就是富士山。自從 1707 年之後，富士山已經超過 300 年不曾噴發，不過富士山仍屬於活火山。它原本是一座比現在更小的山，名叫古富士火山，後來在大約 1 萬 1000 年前噴發，與小御岳火山連接形成現在的模樣。

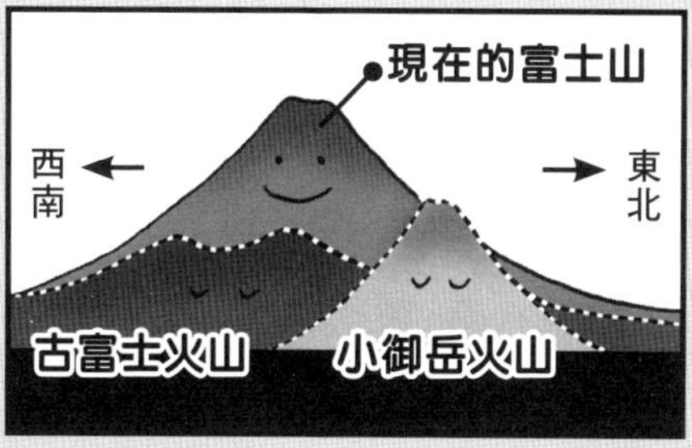
現在的富士山
西南
東北
古富士火山
小御岳火山

鑽石是由岩漿帶到地面上？

大約一億兩千萬年前，四個大陸上噴出大量鑽石

在地球礦物中最堅硬、最美麗也最昂貴的寶石，就是鑽石。鑽石是碳原子在超過五萬大氣壓、一千三百度以上的超高壓、超高溫環境中才能產生。地球上滿足這項條件的地方，位在我們腳底下一百五十至兩百公里深處（上部地函），那是人類現在仍無法觸及的世界。那麼人類為什麼能夠取得鑽石呢？答案是太古時代的火山活動。科學家認為鑽石是在當時被岩漿送到地表上來。鑽石礦多數出現在一億兩千萬至八千萬年前的地層中，那段時期正是恐龍鼎盛的白堊紀。帶著鑽石噴發的岩漿必須以超越音速的速度抵達地表，因為速度若是不夠快，鑽石就會變成石墨等其他物質了。所以鑽石不僅昂貴，也是遙遠白堊紀時代曾經發生大規模地殼變動的證據。

1 億 2000 萬年前的世界地圖

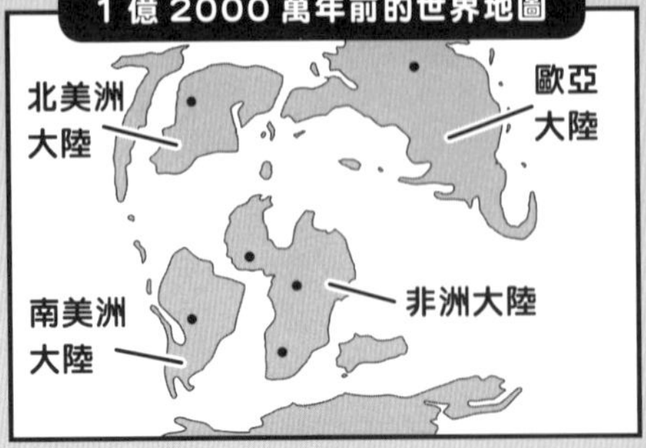

▲●是噴出鑽石的地點。包括此圖發生的時代在內，噴出大量鑽石的現象一共發生過 7 次。

特別專欄

寶石是地球史的見證人

即使原本是相同的岩石，也會因為後天條件不同，而變成各式各樣的石頭。照片中是稱為綠柱石（或綠寶石）的石頭，摻入鉻的話，就會變成祖母綠；摻入鐵就會變成海藍寶石。只要研究誕生自岩石中的寶石，就可以找到重要線索，幫助我們了解寶石形成當時的地球環境。

影像提供／岐阜大學教育學院教授 川上紳一

海底遠足

我暑假的目標是要游上一公里。
我想來做真正的植物押花。
我要去夏威夷，成為衝浪名人再回來。
ニコ
大雄你有什麼計畫嗎？
ニコ
ニコ
※微笑
他哪會有什麼計畫啊？
他一定只會在家裡睡午覺吧！
ニコ
ニコ
我覺得，
既然要做，就要做大事！
而不是像你們這種小兒科的事。
改天我會在記者會上發表計畫，
你們到時候在電視或報紙上看到我可不要嚇到了。
呵呵呵……
哈哈……嘻嘻……
做好了嗎？
好了！完全一模一樣喔。

奇妙地球透視鏡Q&A

Q 為了使豆腐凝固而使用的氯化鎂，與鹽巴一樣萃取自海水。這是真的嗎？

一模一樣？
我比他帥多了。
別挑了，這是我用中古機器人改造的耶。
我可能有十多天都不在家，要是他不能好好扮演我的替身就糟了。
從日本到舊金山……
我要在海底健行，橫越太平洋!!
這可是史上第一次……
獨一無二的大計畫。
等我登陸舊金山的港口，一定會造成大轟動的。
你一定要去嗎？
很令人擔心呢！
絕對會成功的。
因為妳借了我這麼多好道具啊。

A 真的。從海水中萃取出的氯化鈉液體稱為鹵水，主要成分是氯化鎂，味道很苦。

淡水吸管

海水只要通過它，
就能成為可食用的
淡水。

指南針跟海圖

空氣栓

從海水中取得氧氣，
只要塞入鼻孔，
就能在海中自由呼吸。

快速鞋

比在陸地上走還快十倍。
為了避免身體浮起來，
也有一定的重量。

通訊機

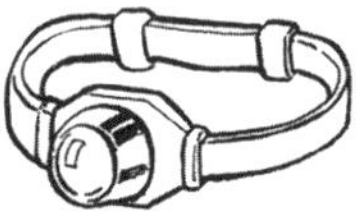

頭燈

在光線照不到的海底，
可以照得很清楚。

即食罐頭

食物呈現半稠
裝在裡頭，
由於是濃縮食物，
一罐就有三十餐的份量。

深海乳霜

用來塗抹全身。
就算在一萬公尺深的海底，
也能抵抗水壓、保持體溫。

水壓槍

可發出強烈的衝擊波，
打倒對方。

睡袋

外頭有防鯊魚咬的硬刺，
還有防止被水流沖走的錨，
讓人能安心地睡覺。

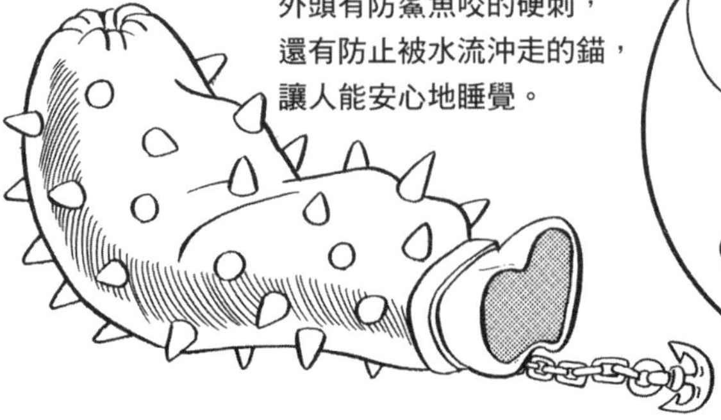

路上小心!!
小聲點！這樣會把大家吵醒的。
發生什麼事？是遭小偷？還是失火了？
一大早的，你在這裡幹嘛啊？
父親大人、母親大人、早安。
カクン
還是……很擔心他應付得來嗎？
我會小心不讓機器人露出馬腳的。
※鞠躬

我是很想陪你去，可是……
我只要長時間泡在海水裡，就會生鏽。
不用擔心啦，我會從美國帶土產回來的。
這是我值得紀念的第一步！
出發！
ザブウン
※噗通
好痛！
原來是被海膽刺到了。
還是小心點吧。
真令人擔心……

Q 海底多深的地方稱為「深海」？①深度兩百公尺②深度一千公尺③深度三千七百公尺

A
①深度兩百公尺。射入海中的太陽光被海水吸收，到了深度兩百公尺處已經是一片黑暗，因此稱為「深海」。

哇啊！這真是太棒了。雖然我不是浦島太郎，繪畫無法表達的美景就是這麼回事吧？
這樣不管要我走幾萬公里也可以。
這一帶就是「大陸棚」啊。

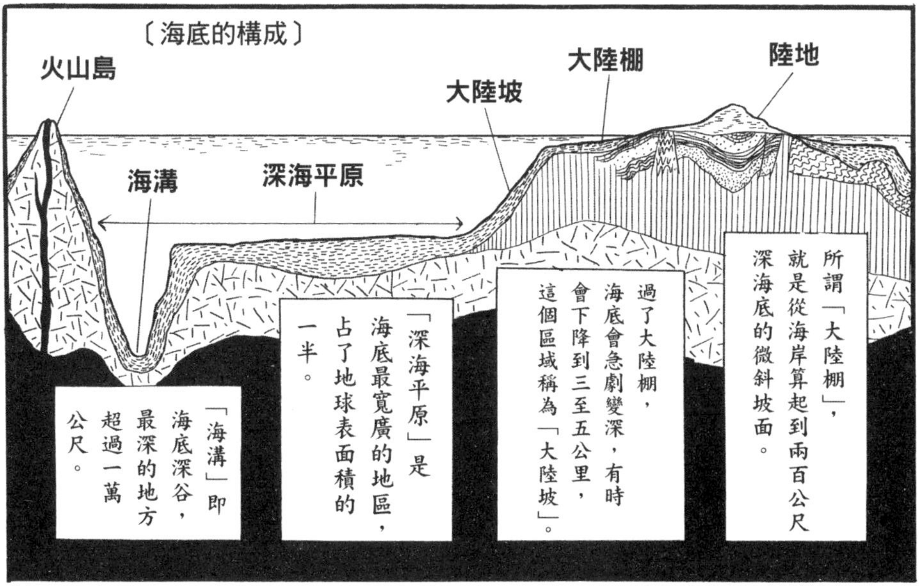
〔海底的構成〕
火山島
大陸棚
陸地
大陸坡
海溝
深海平原
所謂「大陸棚」，就是從海岸算起到兩百公尺深海底的微斜坡面。
過了大陸棚，海底會急劇變深，有時會下降到三至五公里，這個區域稱為「大陸坡」。
「深海平原」是海底最寬廣的地區，占了地球表面積的一半。
「海溝」即海底深谷，最深的地方超過一萬公尺。

這邊還是淺海，
明亮的陽光可以照射進來。
※嗒啪
ガバ
啊，抱歉，原來有魟魚在這裡啊。
鯊魚！
※碰
我光是上午就走了兩百公里以上喔。
現在正在吃午飯。
到目前為止都很順利。
妳那邊如何？
嗯……還好啦！

奇妙地球透視鏡Q&A

Q

乾空氣越過山坡往下吹，引發的異常高溫現象，稱為熱島現象。這是真的嗎？

住手！
機器人又闖了什麼禍？
ジャー
※啪沙
我是要你去院子裡灑水啊！
你只要一做事，就會露出馬腳，還是去午睡吧。
這邊是海底的大雄——
啊啊，睡得真飽。
到了這種深度，就分不清是白天還是晚上了。
真想今天一天就把大陸坡走完。
越來越暗了。

A 假的。正確的名稱是「焚風」。山勢愈高，氣溫愈容易上升，有時也是引發雪崩或森林大火的主因。

是鮟鱇魚啊！
這種怪模怪樣的深海魚我不喜歡。
現在連深海魚都漸漸看不到了。
已經越走越黑……
好孤單喔！
哆啦美唱歌給我聽啦！
收音機也行。
知道了。
這時，從陰暗的角落…
飄出泛著藍光的鬼火～咚咚。
哇啊！我最怕聽鬼故事了啦！

奇妙地球透視鏡Q&A

Q 低緯度地區由東往西吹的盛行東風，因大多是貿易港所以也稱為貿易風（信風）。這是真的嗎？

不要老是睡午覺，
也出去玩玩啊。
待會。
現在我在日本海溝的峭壁上，
不管怎麼往下走都走不完，
感覺好像會一直延伸到地獄的盡頭。
下雪了!!
深海裡竟然在下雪！
那是海雪吧。
是浮游生物的屍體在慢慢往下沉啦。
據說它會沉積在海底，經年累月後就會變成石油。

A 假的。此名稱的由來，是因為這個風總是吹固定的方向，對於大航海時代搭乘帆船旅行的人來說相當重要。

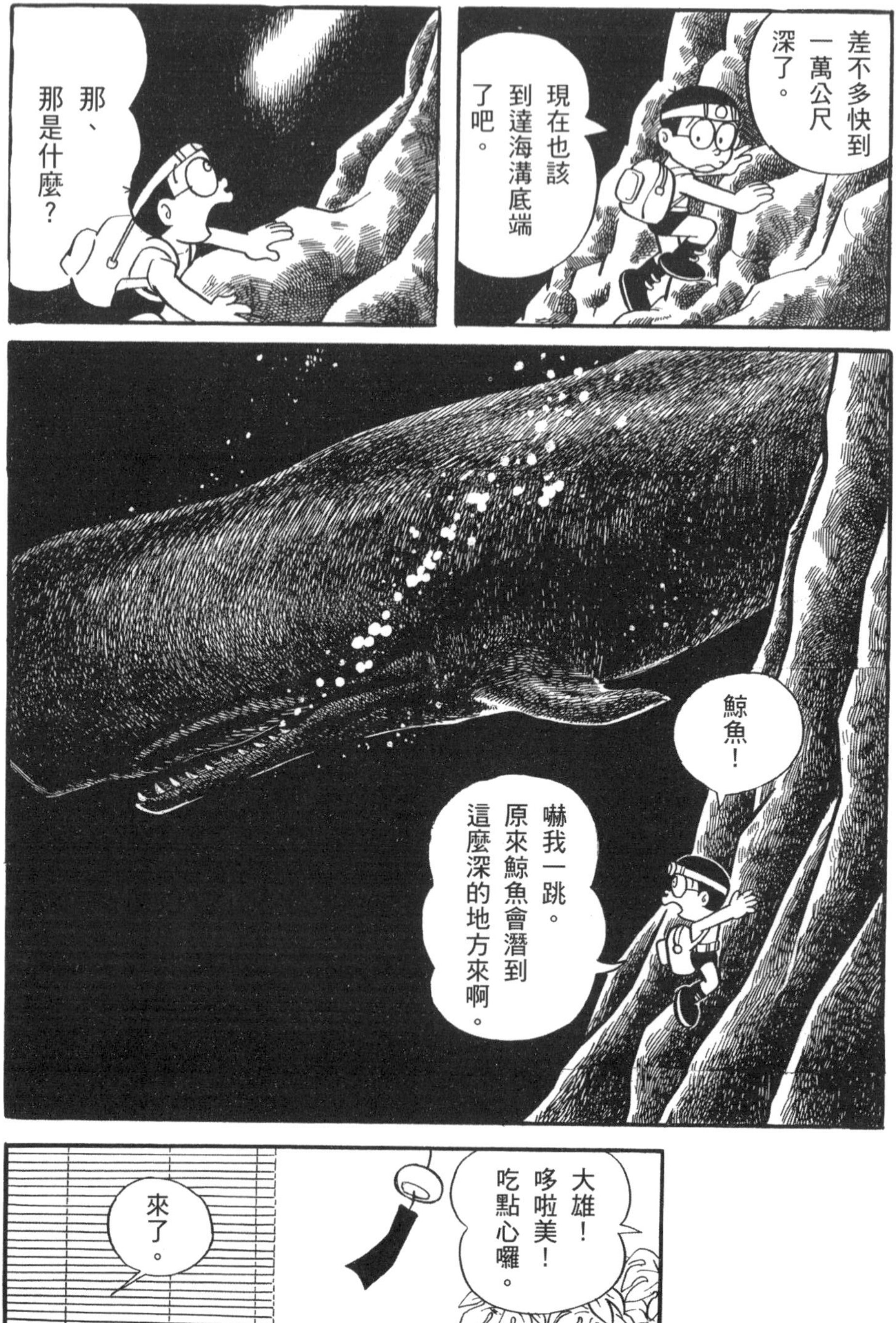

差不多快到一萬公尺深了。
現在也該到達海溝底端了吧。
那、那是什麼？
鯨魚！
嚇我一跳。原來鯨魚會潛到這麼深的地方來啊。
大雄！哆啦美！吃點心囉。
來了。

奇妙地球透視鏡Q&A

Q 下列何者會降雨？ ①卷雲 ②高積雲 ③雨層雲

A ③雨層雲。朝水平方向展開的灰色雨層雲，與朝垂直方向旺盛發展的積雨雲都是會降雨的雲。①是纖維狀雲；③是圓塊狀雲。

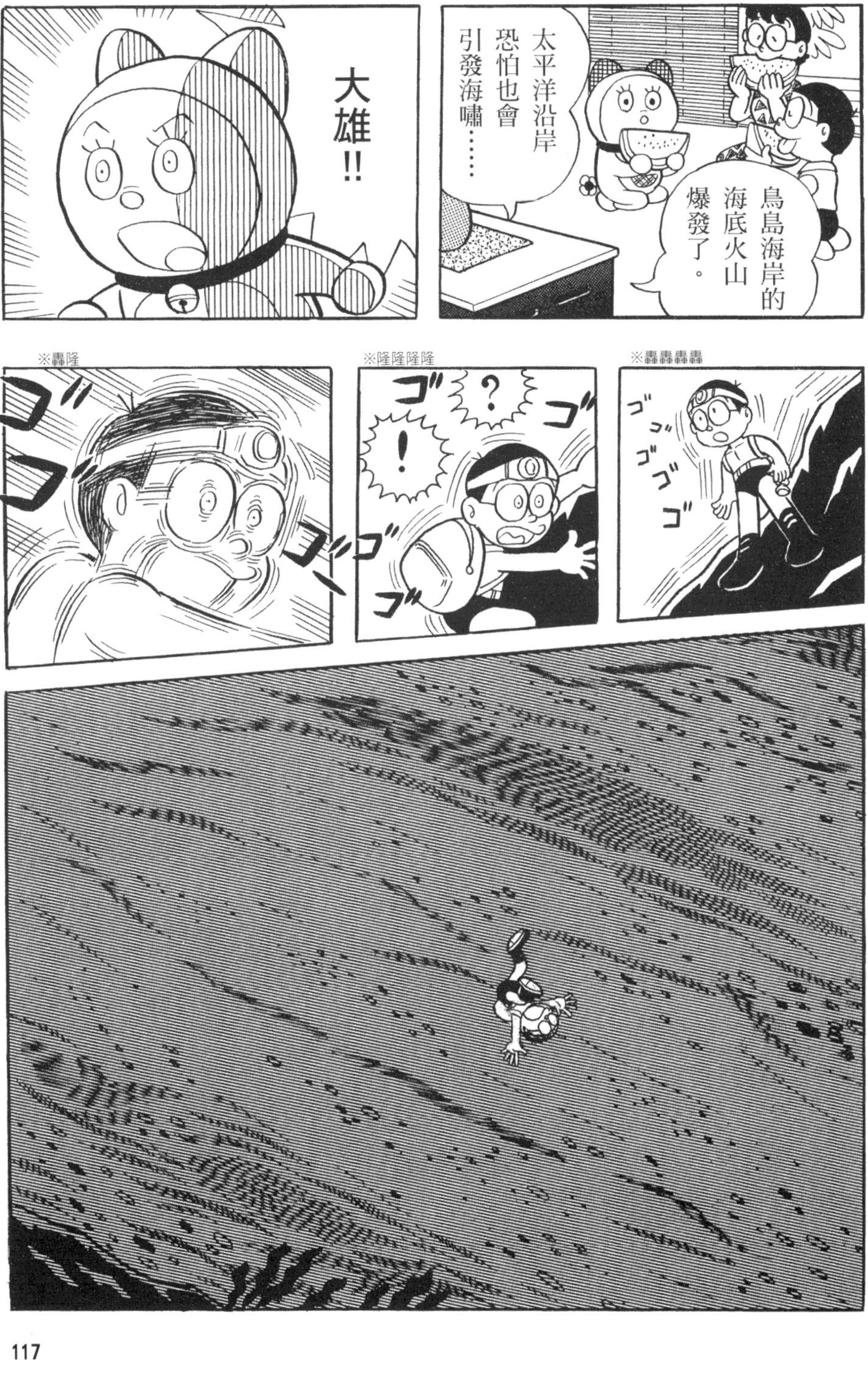

我到底昏迷了多久？
幾小時嗎？
還是幾天？
幸好好像沒有…受傷。
啊!!
不見了!!
我的食物、頭燈、吸管…
連海圖、指南針 也都不見了！
就算想求救，也沒有通訊機!!
東西南北都搞不清楚。
處在一萬公尺深的日本海溝底，
接下來，我到底該怎麼辦才好!?

奇妙地球透視鏡Q&A

Q 台灣目前的單日降雨量最高紀錄是幾公釐？①約六百 ②約一千 ③約一千四百

？
那是什麼光……
是深海潛水艇！
救我啊!!
ドンドン
※咚咚
快打開！讓我進去。
妖怪啊!!
我不會讓你逃走的。

A ③約一千四百公釐。二〇〇九年八月八日，莫拉克颱風單日降雨量在南部各地均破千，造成小林村因土石流被滅村的悲劇。

最後我就緊抱船尾不放，回到東京港的那一刻，我真是高興死了！
我還以為這次一定完蛋的。
平安回來就好。
可以把機器人的開關關掉，收起來了。
你一定累了吧。
嗯，累死了。
我要好好睡個兩、三天。
看吧！我說的沒錯。
大雄每天就只會睡大頭覺。

一萬公尺深了。
現在也該到達海溝底端了吧。

地球號太空船的環境是大氣與海洋雙重構造

冰、水、水蒸氣。水在海洋與大氣之間不斷改變型態

地球上的大部分生物都生活在包覆地球的大氣層或是海洋之中。航行於宇宙的「地球號太空船」上，生物所居住的「船室」（環境）也是具有類似大氣與海洋的雙重構造。

在我們看來，充滿空氣的天空如此遼闊，綿延到遠方的海洋深遠無邊，但若和半徑約六千三百七十公里的地球相比，大氣的厚度、海洋的深度都微乎其微。就好像要求你拿著零點五公釐粗的自動鉛筆筆芯畫出一個直徑二十公分的地球，大氣與海洋的厚度，幾乎就跟圓周的線條一樣細。生物所需要的空氣和水，其實就存在於這麼單薄的構造裡。在大氣和海洋維持著非常複雜又奧妙的結構下，打造出地球上各種千變萬化的環境。

能夠往來於大氣與海洋兩個世界，並且帶給地球表層環境莫大影響的就是——水。水具有特殊性質，能夠配合地球表層的溫度變化變成固態（冰）、液態（水）、氣態（水蒸氣）。因此，海水受到太陽照射，部分變成了水蒸氣，製造出雲。雲在上空遇冷形成水滴，這就是降雨，替生活在陸地上的生物帶來不可或缺的淡水。地球上的水資源，都要歸功於水具有在大氣與海洋之間生生不息循環的奇妙特性。

▼地球上絕大多數的水都是海水。水和冰雪等淡水較少，其中我們能夠使用的水不到1%。

大氣（水蒸氣）0.001%
冰雪、冰河 1.75%
地下水 0.72%
湖、沼 0.016%
河川 0.0001%
淡水
2.5%
海水
97.5%

插圖／高橋加奈子

海水含有黃金？

曾經在海裡游泳的人，應該都體驗過海水有多鹹。海水中的鹽分含量大約是百分之三（不同海域多少有些差異）。想想平常我們喝的味噌湯，鹽分含量大約是百分之一，因此海水鹹到難以入口。但是，為什麼海水是鹹的呢？

插圖／高橋加奈子

▲海水裡含有數百萬公噸的金，但若要回收的話，有技術上的困難。

水的特性是可以溶解各式各樣的物質。降落在地表上的雨水進入河川，在地下岩層流動時，溶解了土壤和岩石所含的化學物質，流進了大海裡，加上海底火山噴發的物質也會溶入海水中。這些溶解於海水的物質中，大部分與鹽巴的成分相同，也就是氯（Cl）和鈉（Na）。這就是為什麼海水這麼鹹。

溶解在海水裡的不是只有鹽巴（氯和鈉），還有鎂、鈣、鉀等其他各式各樣的物質，也包括了金、銀、銅、鈾等貴金屬。

特別的是，溶解在海水裡的金含量大約有數百萬公噸，遠多於人類至今在陸地礦坑中挖掘到的數量總和（十多萬公噸）。然而海水的總量約有一百四十京公噸（十四兆公噸的十萬倍），要從這麼大量的海水中回收黃金，以現在的技術來說仍然難以達成。

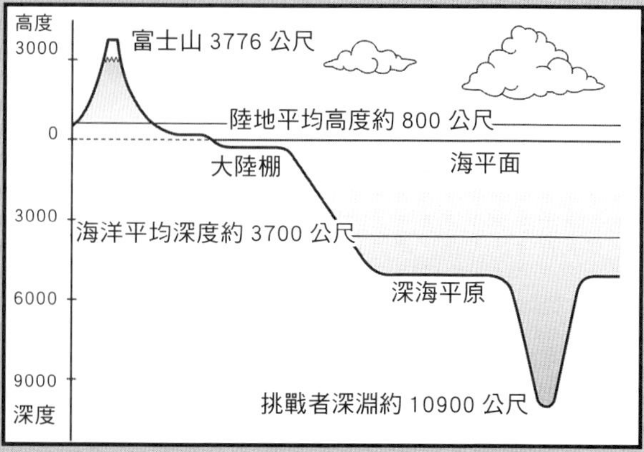
高度
3000
0
3000
6000
9000
深度
富士山 3776 公尺
陸地平均高度約 800 公尺
海平面
大陸棚
海洋平均深度約 3700 公尺
深海平原
挑戰者深淵約 10900 公尺

▶海洋大約占地球表面積的七成。最深的馬里亞納海溝最深處「挑戰者深淵」，水深超過一萬公尺。

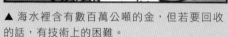

海水能輸送熱能，在世界各地的海洋裡流動

海洋表層有大規模的「海流」（或稱洋流），經常往同一個方向移動，日本列島南岸往東流動的黑潮就是其中之一。黑潮連接在太平洋上往東前進的北太平洋洋流，在北美大陸外海往南流動，變成北赤道洋流向西前進，繞太平洋一圈之後再度成為黑潮。這個順時鐘方向的循環，稱為「北太平洋亞熱帶環流系統」。而越過赤道的南太平洋上也有同樣的海流。一如第一百二十五頁中所介紹，大氣中有盛行西風、信風等繞著地球吹的大規模風系。海流主要是藉由這些風的風力而產生，負責將赤道附近的熱，運送到南北極附近的極圈。

有別於海流，深海裡也有大規模的海水對流。海水水溫低，鹽分一多就會變重。相反的，水溫高、鹽分變淡，就會變輕。北大西洋格陵蘭外海、南極四周海洋的海水都會因為高緯度、氣溫低而使表層結冰，冰幾乎為純水，原本的鹽分被析出，海水鹽分變濃，產生大量沉重的海水沉入海底，將海底的水往上推擠，於是形成上圖繞行全世界深海的大型對流（溫鹽環流）。

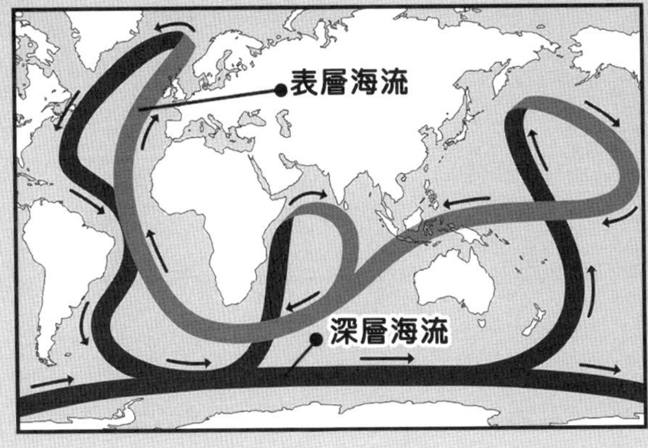

▲全球深海環流圖。在北大西洋及南極四周下沉的海水，會在印度洋與太平洋北部湧上表層。

特別專欄

黑潮與親潮

黑潮是世界知名、數一數二的強勁海流，流速每秒約 1 ～ 2 公尺（最高時速約 7 公里），寬度約 100 公里，每秒約搬運 5000 萬公噸的大量海水。來自南方的黑潮是水溫高的暖流，負責把熱送到北方。另一方面，親潮則是沿著千島列島從北邊下來的寒流，流速約每秒 0.5 公尺。親潮流速緩慢卻營養豐富，一到夏天就會產生大量的浮游生物。在溫暖黑潮中長大的秋刀魚等魚類為了吃這些浮游生物，一到夏天就北上，到了秋天就會再度南下，回到溫暖的海域產卵。

包裹生命之星——地球的大氣層

這邊還是淺海，
明亮的陽光可以照射進來。

哪邊是天空？哪邊是宇宙？

我們的肉眼雖然看不見，不過地球表層覆蓋著大氣。包括我們人類在內的生物能夠在陸地上生活，都是因為大氣中所含的氧氣。

大氣的成分在地球演化的過程中一直在改變。地球誕生後有很長一段時間，大氣的主要成分是二氧化碳和氮氣，幾乎不含氧氣。在行光合作用的植物出現之後，氧氣才開始增加。從水蒸氣觀察得知，現在的大氣（乾燥大氣）成分幾乎是氮氣（約百分之七十八）和氧氣（約百分之二十一）占多數，其他還有氬（約百分之零點九）、二氧化碳（約百分之零點零四）等。除此之外，大氣中還有百分之一至四的水蒸氣，可用來製造雲，影響著氣溫與氣象。

你知道空氣也有重量嗎？一公升的空氣約有一點二九公克重。這個重量在天空就存在了，因此我們在地表上所承受的大氣重量（大氣壓力），每平方公分約等於一公斤。

如左圖所示，大氣大致上可分為四層。氣體在對流層密度最高，越往上越稀薄。距離地表高度五百公里處稱為大氣層，到了高度一千公里處也仍有微量氦氣存在，因此天空與宇宙之間並沒有清楚的分界線。

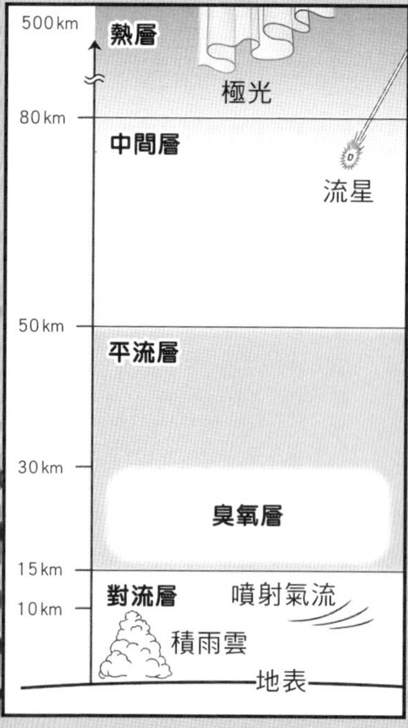
500km
熱層
極光
80km
中間層
流星
50km
平流層
30km
臭氧層
15km
對流層
噴射氣流
10km
積雨雲
地表

◀大氣層的構造。對流層裡的大氣約占整體重量的四分之三。對流層裡的水蒸氣也較其他層更多。帶來降雨的積雨雲也是來自對流層。

雲告訴了我們大氣的動向

海洋有海流，大氣也以各種形式在地球上空移動。我們感覺到的「風」，就是大氣的移動方式之一。

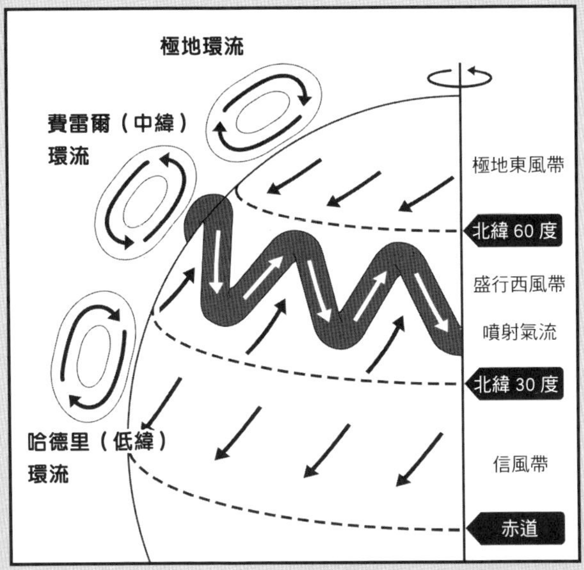

極地環流
費雷爾（中緯）環流
哈德里（低緯）環流
極地東風帶
北緯 60 度
盛行西風帶
噴射氣流
北緯 30 度
信風帶
赤道

▲ 環繞地球的大規模風系構成「大氣環流」。這是太陽熱能與地球自轉等所產生的複雜氣流。

風的原動力是氣壓的差異。風從氣壓高的地方吹往氣壓低的地方。那麼，氣壓的差異又是如何產生的呢？看看「海陸風」的原理就不難明白了。陸地因為太陽的熱能容易變熱，但海洋並不會。白天時間快速變熱的地表附近，空氣變輕而上升，上層大氣的氣壓因此變得比海洋高，於是空氣流向海洋。相反的，下層大氣的氣壓是陸地比海洋低，因此空氣會從海洋流向陸地，這個下層氣流就成了海風。夜晚不易變冷的海洋空氣上升時，反而吹起陸風。這個由溫差造成的氣壓差異所帶來的大氣循環，就是「海陸風」，也就是中尺度的「熱對流」。

大尺度的熱對流又是如何發生的呢？地球接受太陽熱能最多的地方是赤道附近，南北極附近的極圈最少。這個溫差造成熱對流的發生。在地球自轉力量作用下，對流與風變得更加複雜，產生大規模繞著地球吹的風系（大氣環流），亦稱為信風或盛行西風等。

對流產生的大氣上升，將水蒸氣搬運到上空，水蒸氣冷卻後變成水滴，產生雲。雲受到大氣中的水蒸氣含量與大氣流動方式影響，變成各式各樣不同的形狀與大小。因此，雲的形狀差異與移動，也可以說是代表著無形的大氣變動。

四季徽章

已經十月……今年也只剩下兩個月了。
時間過得真快……
回頭想想……
有好多想做的事都沒有做呢。
喔！
原來你也會反省自己的人生啊。
所以你有什麼事情沒做的？
拿暑假來說吧！
至少應該再去三次海邊啊。
春天賞花沒有去成！
冬天爸媽也沒有帶我去滑雪，真是遺憾。
全都是玩樂嘛！
10月

Q

「颱風」、「颶風」雖然名稱不同，卻是以同樣方式誕生的熱帶性低氣壓。這是真的嗎？

再過不久，冬天又要來了。
之後還有春天、夏天、秋天，到時候再去滑雪或游泳就好啦。
不行！今年的夏天就只有一次！
今年的春天也不會再回來！
做了不可挽回的事啊！
哇啊～
真拿你沒辦法……
「四季徽章」。
調整這個轉盤，半徑三公尺範圍內就會變成那個季節。
哇！好熱啊！

※炙熱～～

A 真的。在海水溫度二十七度以上的熱帶海洋產生的熱帶性低氣壓，因地區和強度不同而有不同名稱。「氣旋」也是其中一種。

呼～～這是盛夏的暑氣啊。
嗯，這樣就能玩水了。
再調到冬天……
※發抖
ゾク
下雪了!?
哈啾!
哈啾!
不要靠過來，我怕冷啊!
幫我做便當。
你要去哪裡?
滑雪、游泳和賞花。
?
我們去中山湖吧。
好主意。
那裡有櫻樹，也有滑雪場和湖泊。

哇～～楓葉紅得真漂亮。
山上都是一片火紅。
先去游泳吧。
OK！
小夫，你也來了啊？
啊，大雄。
你也來採香菇嗎？
不是，我是來游泳的。
!?
那個笨蛋！
現在是十月耶。跳下去會感冒的。

奇妙地球透視鏡Q&A

Q 在埼玉縣熊谷與岐阜縣多治見觀測到日本最高氣溫紀錄是幾度？

① 38.9

② 40.9

③ 42.9

A ②40.9度。於二〇〇七年八月十六日觀測到。最低氣溫紀錄則是北海道旭川的攝氏零下41度（一九〇二年一月二十五日）。

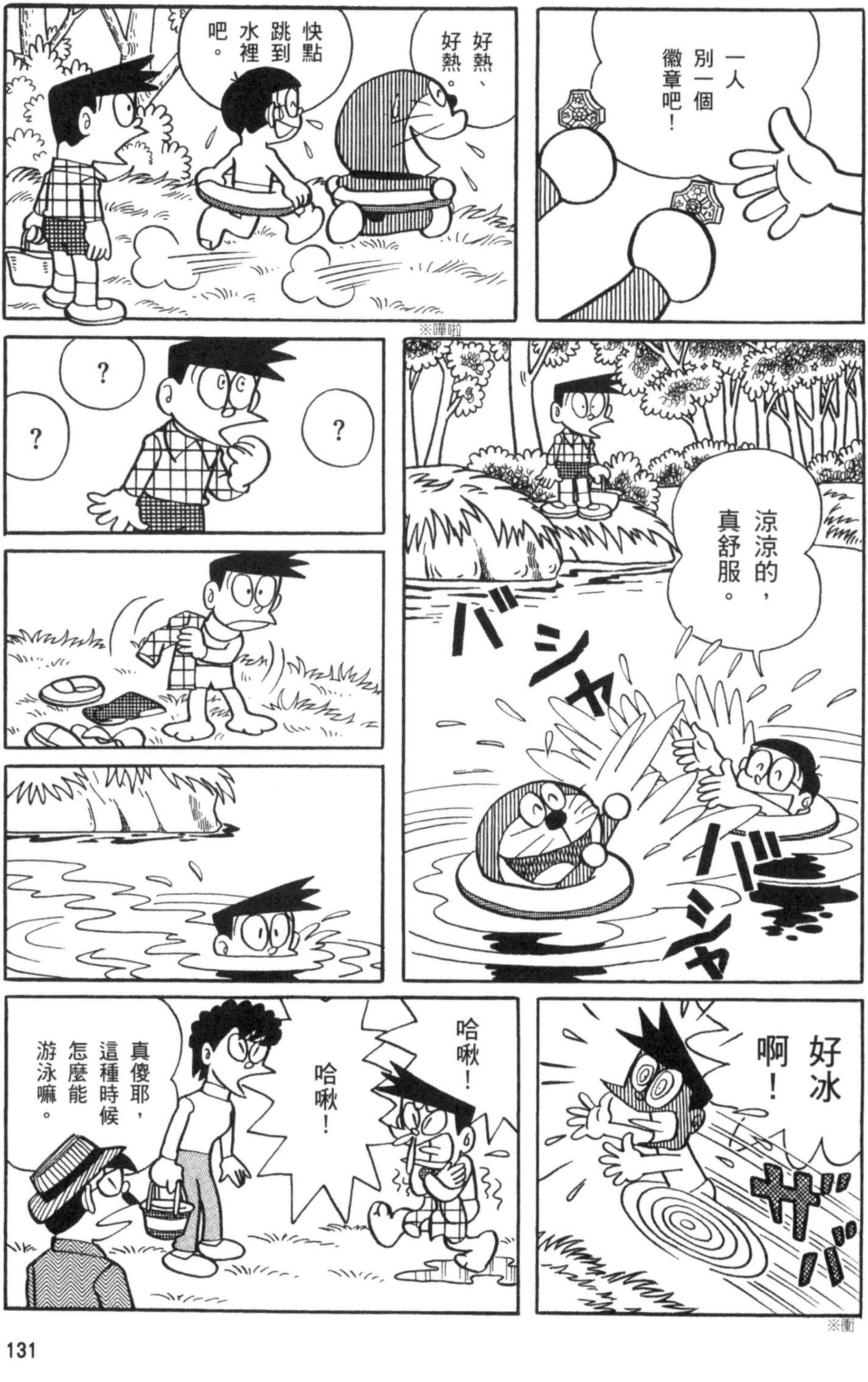

一人別一個徽章吧！
好熱、好熱。
快點跳到水裡吧。
※嘩啦
バシャ
涼涼的，真舒服。
バシャ
?
?
?
好冰啊！
ザバ
※衝
哈啾！
哈啾！
真傻耶，這種時候怎麼能游泳嘛。

因為大雄他們都在游……
不要學那種奇怪孩子的行為！
找個風景好的地方，
吃午飯吧。
這樣也好。
該吃便當了。
用徽章變成春天，來賞花吧。
好啊。
這附近有很多櫻花樹。
每棵樹下都放個徽章。
大雄，你們在做什麼？
我們在準備賞櫻啊。
奇怪的傢伙！

奇妙地球透視鏡Q&A

Q 已知日本全國每年平均發生幾次龍捲風？①約3次 ②約15次 ③約50次

A
②約15次。這是一九一一年至二〇一一年的年平均發生次數（僅限於陸地）。在常發生龍捲風的美國，據說每年約一千次。

嘿～快樂跳舞啊～～跳啊跳啊～～
嘿！嘿！
飄
飄
怎、怎麼可能有這種事？
飄
我的眼睛是不是出問題了？
隨風飄落的楓葉，真是美麗啊…
就是啊！真漂亮的楓葉…
調到冬天。

每隔三公尺放一個徽章……
呀呵－！
像風一樣快的高速滑降！
啊！

奇妙地球透視鏡Q&A

Q 積雨雲裡累積的靜電如果放電，會出現下列何者？①極光 ②雷 ③彩虹

玩得真過癮，差不多該回家了。
打不開耶。
又卡住了？
這個門框設計得真差。
算了，用「竹蜻蜓」飛回去吧。
散落
掉落
一部分地區氣溫升高至三十四度，
還有櫻花盛開及下雪的現象。
唔，真是異常的氣象。

A ②雷。積雨雲裡的氣流劇烈上下對流、雪或雹相互碰撞累積靜電，因而產生雷。

爲什麼會有四季之分？

太陽能量製造出各式氣候、氣象

造成地球表層氣溫、氣象變化的原因，來自於太陽的能量（可參考第三十八頁）。太陽的輻射能量大致上固定，但地球氣溫為什麼會因為場所與季節的差異而有所不同呢？因為地球是圓的。如左圖所示，太陽光以一定的寬度照射下來，緯度越高，照到地面上的範圍越大。也就是說，同樣面積的地表上接收到的太陽能量，以赤道附近的低緯度區較多，南北極等高緯度區則較少。再加上地球自轉軸傾斜約二十三點五度，因此太陽位置（高度）在不同季節會改變。即使是相同緯度，接收的能量多寡也不同。這就是我們會有四季之分的原因。

如果只考慮能量多寡的差異，則接收最多能量的是赤道附近，最少的是極圈。以平均氣溫來看兩者差距的話，大約是相差八十度。然而，兩者實際上的平均氣溫差距只

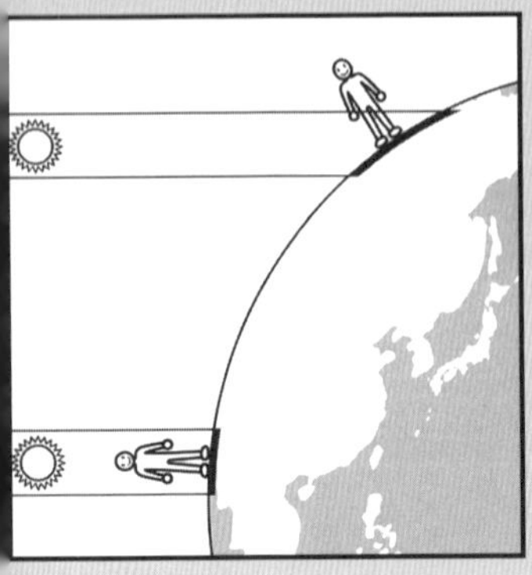

◀緯度越高的地方，獲得的太陽熱能越少。冬天比夏天冷也是因為太陽高度降低的關係。

6度
4000m
好冷！
18度
2000m
真舒服～
30度
0m
好熱！

◀陽光溫暖地表，太陽熱能溫暖空氣，因此高度越高，氣溫越低。對流層裡每上升一百公尺就會下降零點六度。

插圖／高橋加奈子

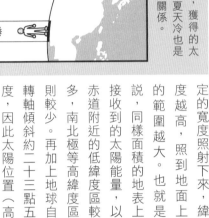

有約四十度。原因在第一百二十三頁中已經解釋過，赤道附近的熱會被送到極圈附近。負責運送熱能的包括大氣的風與海洋的海流。大氣與海洋的對流縮小了雙方的溫差。也就是說，對流造成能量移動，這就是為什麼地球各地有各式各樣氣候與氣象現象。

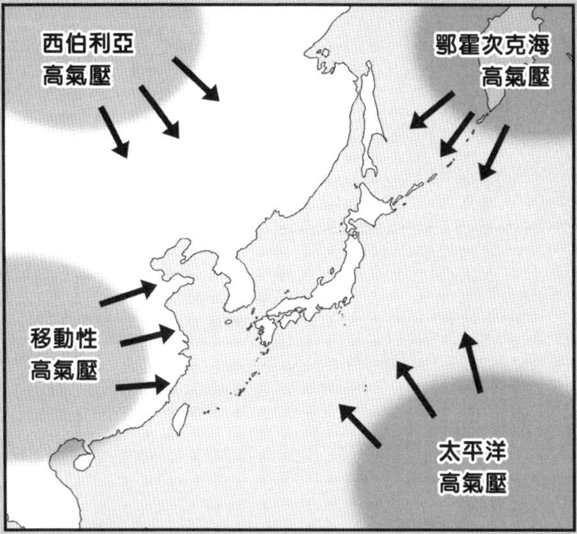

▲冷乾的西伯利亞高氣壓、暖溼的太平洋高氣壓、冷溼的鄂霍次克海高氣壓、帶著溫暖盛行西風經過日本的移動性高氣壓的相對位置圖。這些高壓大幅影響四季的氣象變化。

影響日本四季氣候的四個高氣壓

各地的氣溫與氣壓也影響著每天的天氣，為什麼呢？氣溫、氣壓、水蒸氣含量這三者之間的平衡，決定了各地的天氣，而這三者的含量每天都在變動。另一方面，有一種氣象現象是每年都規律的在發生，而這都與大氣、海洋循環這類整體地球規模的變動有關。

上圖的四個高氣壓，會大幅影響日本的四季變化。鄂霍次克海高氣壓與太平洋高氣壓的風相互碰撞，在交界上形成會長期滯留的梅雨鋒面，因此一到梅雨季節，就會不停的下雨。

另外，夏季較強勢的太平洋高氣壓會帶來悶熱和穩定的晴天。在菲律賓外海形成的颱風則會沿著太平洋高壓西側北上，使得颱風登陸日本。冬季較強勢的西伯利亞高氣壓會帶給日本寒流與大雪。移動性高氣壓則是因為中國大陸東南方與大陸近海的溫差而產生，與海面上活躍的低氣壓同樣會帶給日本盛行西風。春、秋兩季天氣多變，主要就是因為這個移動性高氣壓的影響。

北極與南極，哪邊比較冷？

世界各地的氣候是怎麼來的？

長期觀測氣溫、降雨量等千變萬化的氣象現象，並將之平均後，就可以看出各地區的天氣趨勢與特徵。再將這些分類之後，得到的就是「氣候」。在第一百三十六頁中也曾經提過，地球氣溫的主要影響來源是太陽熱能。一般來說，赤道附近最高，緯度越高，熱能就越低。因此，基本上從赤道附近開始，依序是熱帶、溫帶、亞寒帶、寒帶。但是氣候會受到大氣環流、海流、地形等的影響，不同地區也會產生莫大的差異。舉例來說，緯度二十至三十度廣布著一般稱為沙漠氣候的乾燥帶。這類地區因為受到大氣環流的影響，高氣壓一整年都非常旺盛（副熱帶高氣壓），所以不容易產生雲，幾乎不會下雨。另外，歐洲地中海地區的緯度幾乎與日本的北海道、東北地方相當，但是因為地形特徵的關係，這裡全年溫暖、空氣乾燥，氣候與日本大不相同。

▲在南極曾經觀測到全球的最低氣溫，零下 89.2 度。

▼高溫多雨的熱帶雨林是生物的寶庫。

▼不降雨，只有一整片乾燥大地的沙漠。

影像提供／澳洲政府觀光局

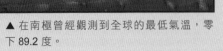

氣候的不同造成環境的差異很大

地處熱帶的巴西瑪瑙斯市年平均氣溫大約二十七度，特徵是全年酷熱。溫帶區的東京八月平均氣溫也大約有二十七度，冬天則下降到六至七度，因此年平均氣溫是十五至十六度。另外，熱帶區一般來說降雨量多，但是熱帶雨林雖然廣大，許多地區還是有明顯的雨季和乾季之分。原理就與日本有四季一樣，都是受到地球的自轉軸傾斜影響。

插圖／高橋加奈子

▲在極地氣候的永凍土裡挖出絕跡的冰凍長毛象。

熱帶區雖然是地球上最熱的區域，不過根據世界氣象組織的調查，目前全球最高氣溫五十六點七度卻不是出現在熱帶區，而是在距離赤道相當遙遠的美國加州死亡谷國家公園的綠地農場（Greenland Ranch）觀測站（一九一三年七月十日）。那麼，全球最低氣溫又是在哪裡觀測到的呢？答案是位在南極大陸標高約三千五百公尺冰原上的沃斯托克考察站（俄羅斯），紀錄是零下八十九點二度（一九八三年七月二十一日）。

北極與南極都是位在距離赤道最遠的極地，但是北極與南極哪一個地方比較冷呢？答案是南極。北極圈的冬季平均氣溫約零下二十五度，南極大陸大約零下三十五度。由於南極是塊大陸，周圍環繞著海洋，而北極是由四周圍繞著陸地的海域組成。由於陸地吸熱快，散熱也快，不像水一樣較能保持溫度恆定，因此南極的溫度較低。

儘管如此，環繞北極海的俄羅斯、加拿大、格陵蘭等國家境內都有非常寒冷的地區，稱為「凍原」，那裡幾乎一整年都是冰雪覆蓋。那些地區的土裡有大片整年結凍的永凍土層。永凍土裡能夠找到為數不少、呈現冰凍狀態的已滅絕動物，例如長毛象等。

為什麼會出現氣候異常？

影響遍及世界各地的聖嬰現象

近年來，我們經常聽到「氣候異常」。氣候異常其實是指天氣現象大幅度偏離了過去的平均氣候狀態，而且是超過三十年以上才會出現一次。舉例來說，日本氣象廳就將歷年平均氣溫統計資料中最高溫的二〇一〇年夏天（五萬人以上中暑進醫院，一百七十人死亡），歸因於「氣候異常」。另一方面，最近媒體等也多半會將帶來重大損害的劇烈天氣變化稱為「氣候異常」。

關於氣候異常的成因，科學家認為可能是太陽活動的改變及地球暖化，不過最為人所知的就是「聖嬰現象」。太平洋赤道地區的溫暖海水被信風（東風）送到西邊，造成印尼附近下雨。但是一旦信風減弱，海洋表層的溫暖海水就會擴散到南美洲方向，雨也會下在靠近東側的地方。這種狀態長期持續，就稱為聖嬰現象。赤道附近的高溫海域是全球大氣環流的重要原動力，因此這片海域發生的變化，也會連帶影響世界各地的氣候。日本發生聖嬰現象時，會出現冷夏暖冬。

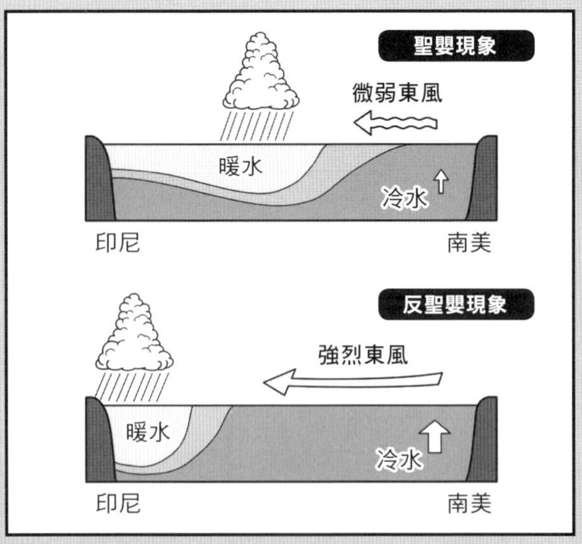

▲信風減弱，表層的溫暖海水向東擴散，造成聖嬰現象。相反的，反聖嬰現象則是信風增強，溫暖海水集中在西側，造成南美洲的深層冷水湧上來。

生活中發生的氣象現象引發各式各樣的損害

二〇一二年日本的「新語・流行語比賽」入選名單中，包括「過去不曾遇過的大雨」、「炸彈低氣壓」、「龍捲風」這三個與氣象有關的詞彙，顯示民眾對於氣象災害也變得更加關注。「過去不曾遇過的大雨」這句話，是出現在氣象廳的氣象資訊上，指的是該年七月襲擊九州北部的破紀錄豪雨。另外，炸彈低氣壓是指短時間內急速旺盛的溫帶低氣壓，多半發生在冬季到春季，會伴隨著類似颱風的暴風。沉重的冷空氣與較輕的暖空氣碰撞產生上升氣流後，會變成旺盛的溫帶低氣壓；但是會旺盛到什麼程度，則是要看大氣上層的狀態而定，因此炸彈低氣壓非常難以預測，並且具備與颱風一樣大的破壞力。

龍捲風同樣是因溫差大的冷空氣與暖空氣相互碰撞，產生強烈上升氣流而誕生。上升的暖空氣在上空冷卻後，形成大規模的積雨雲。那裡的空氣對流劇烈，因此形成一邊漩渦狀旋轉一邊上升的龍捲風。

這類劇烈的上升氣流所產生的積雨雲，也是熱帶海面上形成颱風的原因。夏天在局部地區形成的猛烈強降雨，也是強烈上升氣流形成的積雨雲所造成的。

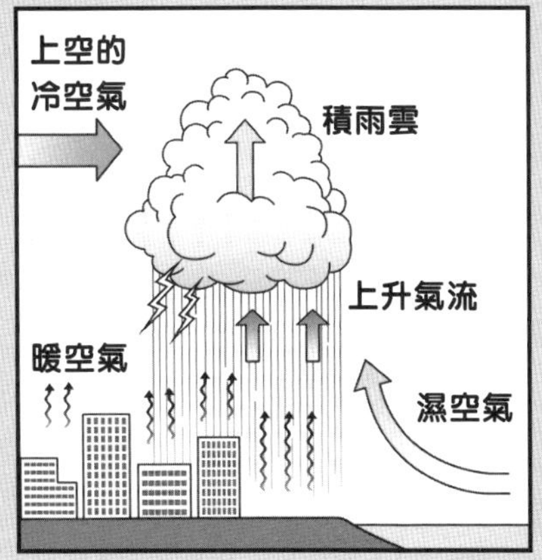
上空的冷空氣
積雨雲
上升氣流
暖空氣
濕空氣

◀局部地區突然降下豪大雨的過程。一小時的降雨量甚至超過五十公釐。

▼龍捲風的形成機制雖然未有定論，但可以確定是來自於劇烈上升氣流造成的大規模積雨雲（螺旋狀）。

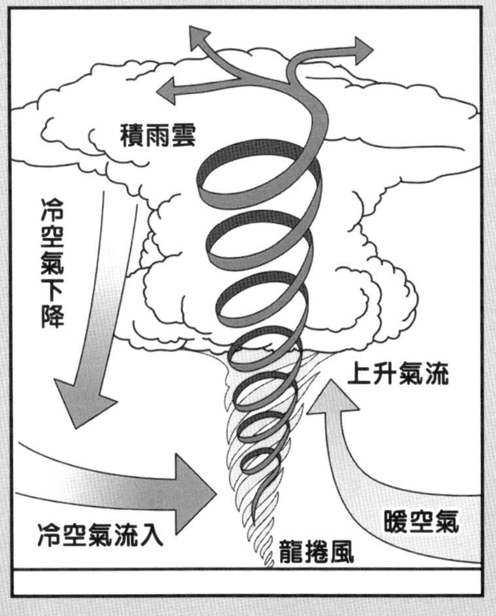
積雨雲
冷空氣下降
上升氣流
冷空氣流入
暖空氣
龍捲風

徽章

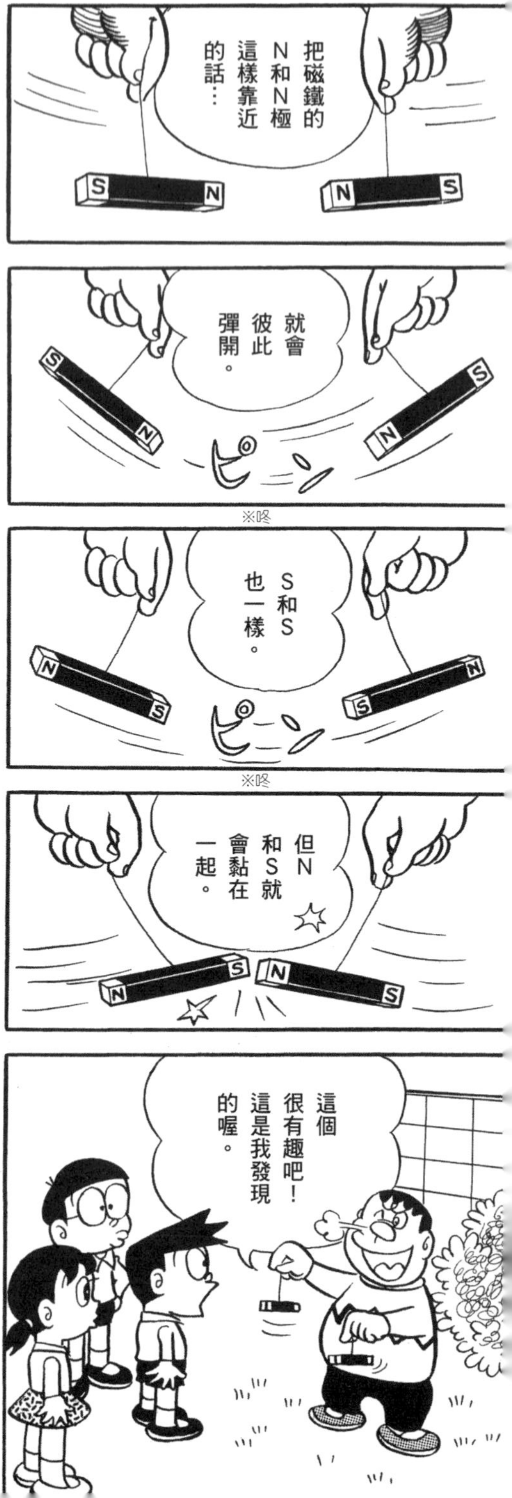
把磁鐵的N和N極這樣靠近的話……
就會彼此彈開。
※咚
S和S也一樣。
※咚
但N和S就會黏在一起。
這個很有趣吧！這是我發現的喔。

那種事情，大家都知道啊！
我從幼稚園的時候就知道了。
你真落伍。
啊哈哈！
可惡！
N·S
S

竟然讓我在那麼多人面前丟臉!!
這種恥辱我不會忘記的!!
只要讓我看到一次，我就揍你一次!!
竟然說那種話……
你也太多嘴了。
想想辦法啦。
就算叫我想辦法……
住在同一個城鎮，又上同所學校，
不管怎樣都會碰到的……
對了!
不要見面就行啦!
你要借東西給我嗎!?
「N・S徽章」。

奇妙地球透視鏡Q&A

Q 地球磁場近年來正在逐漸減弱。這是真的嗎？

A 真的。最近兩百年來，地球磁場正在持續減弱。科學家認為這只是幾萬年間經常發生的磁場增減狀況而已。

把這個貼在對方身上，有同樣標誌的，就會相斥，不同的就會相吸。
實驗看看吧！
貼上N。
這裡也貼上N。
爸爸在叫妳，很急喔！
真的嗎？
什麼事啊？
急忙趕到
※彈開
?
看！彈開了吧！

有什麼事…
搞什麼啊？
喂！
看到人就躲開，感覺很差耶!!
又不是我自己要彈開的！
ピョン
ピョン
※彈開
吵架了。
只要把一方的徽章換掉就行了。
貼緊
黏住
祝你們幸福。

奇妙地球透視鏡Q&A

Q 江戶時代（一六〇三～一八六七年）利用羅盤發明的東西是？①體重計 ②日本地圖 ③火車頭

只要在大雄身上貼上S……
在胖虎身上也貼S……
那傢伙就絕對無法靠近我了。
傻瓜！在街上亂晃沒關係嗎？
沒關係。
胖虎說要把你五馬分屍耶！
那就試試看啊！
喔？這下有趣了。
要是讓他遇上胖虎會怎樣呢？
我要把他五馬分屍，讓他不成人形!!
那個畜生上哪去了？
什麼？
在那裡嗎？
好！

A ②日本地圖。伊能忠敬耗時約二十年製作的「伊能圖」中，使用羅盤調查遠山與島嶼的方位。

喂！站住!!
來了！
認命吧～
咦？靠近了？
徽章呢？
還沒貼上嗎…？
他在這裡啊！
唔嘎!!
貼
ピョン
趕上了。
可惡！可惡!!
ピョ
ピョ
ピョ
那傢伙動作真快耶！
※彈開
※彈開

奇妙地球透視鏡Q&A

Q 可用來觀測地球磁場失序的東西是？①彩虹 ②雷 ③極光

A

③極光。極光是帶電粒子與大氣層碰撞發光的現象。磁暴增強時，在北海道也能夠觀測到。

呼~呼~呼~
這徽章應該還有其他用法吧？
你要我借你更多徽章？
你要幹什麼？
不可以搗蛋喔！
是要用在好地方的！嘻嘻嘻……
有了!!
貼上N吧！
ペタ
※緊黏
グイッ
哇！
※拉

呼呼呼！這次不會被彈開了吧！
※拉
※彈開
※斷裂
「N．S徽章」的力量真大。
貼上了。
※彈開
弄錯了，應該貼這個才對。
？
？
？
※彈開
住手啊！
對了，我換掉就行了。
拿不下來!!
脫掉吧！

奇妙地球透視鏡Q&A

Q 地球以外的行星沒有磁場。這是真的嗎？

A 假的。透過太空探測船的觀測，可知木星、土星、天王星、海王星、水星都有磁場。

靜香，已經沒問題了。
妳在哪裡啊？
※搖搖晃晃
※抽搐
ピク ピク
フラフラフラフラ～
※飄
ヌウ
※緊黏
ピタリ
哆啦A夢，快把他弄開啊！
真是奇怪的傢伙。

磁鐵的「N極」為什麼會朝向「北方」？

地球是一塊巨型磁鐵！

在汽車衛星導航和智慧手機尚未問世之前，我們使用指南針當作路標，確認地球的北方在哪裡。尤其是搭船或飛機旅行時，在沒有任何標的物的海上或空中，指南針可說是找出方位的救命仙丹。

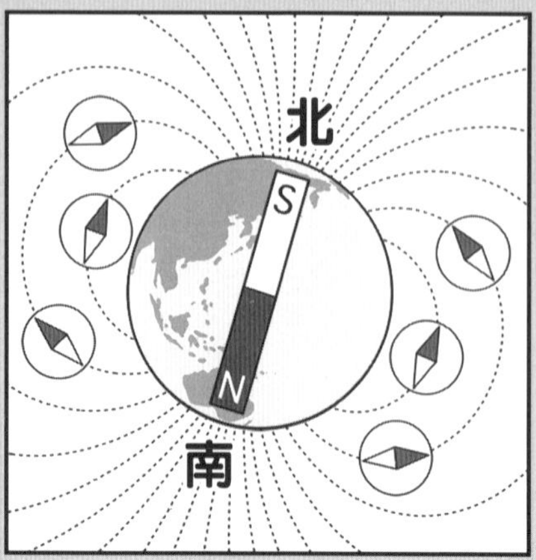

▶想像地球是一根磁鐵棒。旁邊的曲線是表示磁力方向的「磁力線」。

那麼，為什麼「指南針永遠指向北方」呢？這是因為地球就像是一塊巨型磁鐵。

磁鐵上有N極和S極，不同極會相互吸引，同極會互相排斥。

也就是說，假如地球是巨型磁鐵棒的話，指南針上塗著紅色的「N極」指針會朝向地球的S極，指南針的「S極」則會受到地球N極的吸引。這種地球的磁鐵力量，稱為「地磁」。

看不見的磁力可用「磁力線」說明

磁鐵的力量（磁力）與電力、重力一樣「無形」。我們看不到磁鐵互相吸引或排斥的力量到底在哪裡，或是往哪裡去。

因此，我們使用「磁力線」來說明這種力量。上圖中在地球四周的是磁力線，由N極朝S極流動。若指南針擺在這個上面，N極和S極就會順著磁力線的走向停止。

指南針指的北方是地球的「北極」（S極），南方是「南極」（N極）。下一個主題將談談這個「極」。

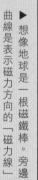

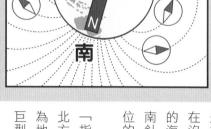

地球磁場的不可思議① 與「極」的位置不相吻合！

前面提過，地球的北極是S極，南極是N極。

事實上這個S極、N極並非一直保持在同樣位置上。它們會以每年約十公里的速度移動。

這個「移動」以地球整體來看相當細微，指南針顯示的北方僅僅會有幾度的偏差，因此幾乎不會影響我們找出方位。

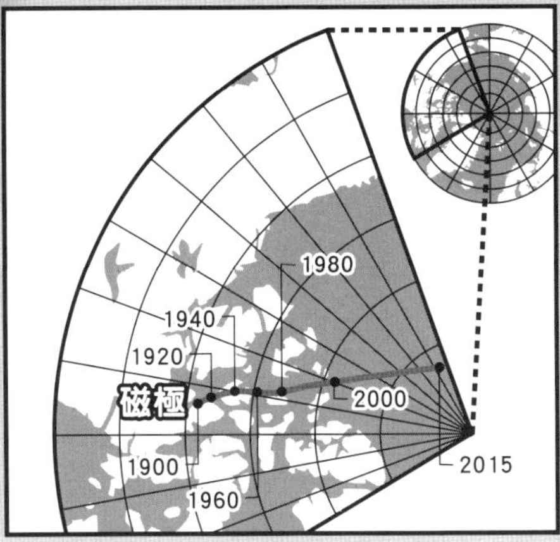

▲北極二十年以來的S極位置，以及二〇一五年的位置。

科學家認為S極與N極會移動位置，可能是因為地核上層是導電流體對流發生的地點，它是非均質的，因此磁力線的分布會隨著時間而變化。

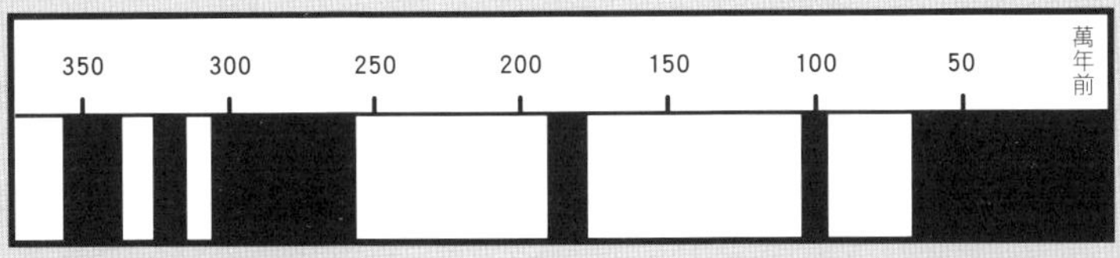

▲地球過去曾經發生多次磁場逆轉。科學家認為這個過程會嚴重影響氣候變化。

〈圖表說明〉

■…地球磁場方向與現在相同

□…地球磁場方向反轉

地球磁場的不可思議② N極和S極互換！

地球的N極與S極位置每年會偏移一些，而這一點在地球四十六億年的悠長歷史中，應該會造成大幅度的偏移。沒錯，地球上曾經出現「地磁逆轉時代」。

上圖表現了地球過去三百六十萬年來的磁場方向隨著時間的變化。觀察黑白條紋可知，地球磁場的方向大約數千年至數十萬年會互換一次。

這個地磁逆轉的重要發現是二次世界大戰海底探測技術發展以後，在垂直中洋脊的走向，量測到古地磁的紀錄所得。

我們也能感受到磁鐵的磁力嗎？

能夠辨識方位的動物體內都有指南針？

「那個人很有方向感。」我們經常這樣形容不會迷路的人，但話雖如此，這並不表示不會迷路的人能夠正確說出北方在哪裡！

然而，有些生物彷彿隨身攜帶著指南針，總是可以分辨出正確方位，能夠從距離幾百公里外的陌生地點回巢的信鴿就是其中一例。科學家認為這類生物具備「對磁力有反應的特殊器官」，並且持續投入研究生物的磁力感應機制。

能夠辨識方位的生物範例
●日本歌鴝 ●信鴿 ●斑點鶇
●帝王斑蝶（蝴蝶的一種）
●蜜蜂 ●螞蟻 ●海龜
●鮭魚 ●海象 ●鯨魚
●龍蝦 ●鼴鼠　等

▲配合季節更換位置的候鳥與昆蟲、具有歸巢能力的生物等應該都有。

來自宇宙的「磁暴」也會影響地球

另一方面，我們人類雖然無法直接感受磁力，卻能夠透過各項科技對磁力進行偵測和利用。

但是，地球以外的磁力，也就是來自宇宙的「磁暴」，卻會傷害我們。

磁暴是由太陽表面稱為「閃焰」的爆炸現象所引起。閃焰對於太陽來說，相當於在「打噴嚏」。不過，太陽遠比地球更大，因此閃焰也能夠影響到一億五千萬公里以外的地球。

大型磁暴尤其會讓候鳥失去方向感，造成人造衛星故障，過去甚至曾導致地面設備損壞。一九八九年加拿大魁北克省發生大停電的原因，就是大規模的磁暴造成了供電設備的短路。

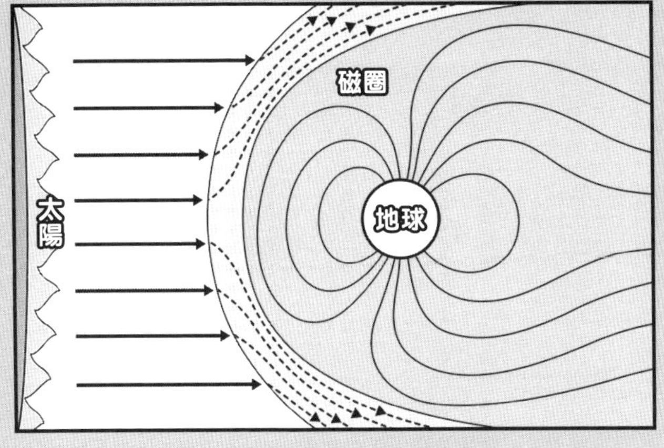

▲ 地球磁場形成的磁圈擔任防護罩的任務。

地球磁場的用途是保護地球

除了來自太陽的磁暴之外，宇宙中還有對生物有害的宇宙輻射等。假如這些磁暴和宇宙輻射直接來到地表上的話，不僅會造成電子設備故障、動物失去方向感，還會破壞生物的視神經、破壞細胞，讓地球成為「死亡行星」。

保護我們遠離這些危險的，就是地球磁場。連接南極和北極的磁力線，形成巨大的防護罩包覆著地球，與大氣層一起，共同守護著地球。

特別專欄

負責預測磁暴的「宇宙氣象中心」

位在東京都小金井市 NICT（資訊通訊研究機構）裡的「宇宙氣象中心」每天都在進行磁暴的預報會議。

民眾可透過「活動領域 1562 發生 C 級閃焰……」等充滿專業術語的觀測數據，知道太陽今天的「心情」好壞。假如太陽活動活躍的話，地球很可能會受到磁暴影響。

每天下午 4 點左右會在網站上發表精確的宇宙氣象預報。對於管理供電系統的電力公司、管制人造衛星的航太相關公司來說，事先知道磁暴動態是不可或缺的，能防範於未然。民眾的生活逐漸少不了電子、通訊設備，因此宇宙氣象預報的必要性也日益提高。

攝影／大橋賢

▲ 可在 NICT 的網站上觀看宇宙氣象預報。

有了「環境螢幕」讀書效率大增

ソヨ
ソヨ
豎起耳朵仔細聆聽……有沒有聽到微風輕拂樹梢的悅耳聲啊？
※咻咻
※潺潺
チュン
チュン
還有小溪的潺潺流水聲……
サラサラ
還有鳥鳴聲……
※寂靜
※嘩嘩
カッコー
カッコー
感覺好像真的在深山一樣耶。
沒錯吧！

這樣的景色會不斷持續下去。
這就是環境錄影帶。
它可以讓你的情緒遠離喧囂的大都會，集中精神唸書。
原來如此！
現在我總算明白！
為什麼我老是無法專心唸書。
都是因為沒有環境錄影帶的關係。
才不是。
真的有心唸書的話，不管在哪裡都辦得到。
我就是很難有心唸書啊！
快拿出環境錄影帶給我！
求求你!!
今天的作業超多，
你要是不幫我的話…
你真的會好好寫作業嗎？
會的！我當然會寫。

奇妙地球透視鏡Q&A

Q 恐龍絕跡的原因是隕石撞擊，而且其中一項證據已經透過海底挖掘取得。這是真的嗎？

A 真的。一九九七年挖掘北美洲大陸東岸的海底時，採集到白堊紀晚期隕石撞擊所熔化的岩石。

「環境螢幕」和「投影機」。
把這個攤開。
它會把景色投影在這裡。
哇~好有迫力喔！
投影機上面有地球儀，可以隨意轉動。
只要把針插在想看的地方…
※啪
※嘩啦
ドドドド
哇啊!!
還可以調節距離和高度喔。

這是尼加拉瓜大瀑布。
喔～就是那座有名的……
別看出神了，快去寫作業！
啊～說的也是。
※嘩啦
※嘩啦
ドオ
ドオ
嗯…這個問題嘛…
呃……我想想…
ドドオド
這個景色太吵了，好像不太適合寫作業。
那換加拿大的森林如何？
很安靜！這個好！
遠離大都會的喧嘩……
心靈就像被洗滌…
呼…
太安靜了，讓人忍不住想打瞌睡。
你到底要怎樣的景色啊？

Q 使用地球觀測衛星可以觀測地表植物的健康狀態及海洋污染情況等。這是真的嗎？

A 真的。感應器可捕捉地面反射或放射的各式波長的電磁波強度，藉此調查植物、水、土壤的狀態。

對了，要是靜香也在，我就不會打瞌睡了。
我去就好，你待在家裡寫作業。
一個好的環境可以提高唸書的效率喔。
真的嗎？
我帶靜香來了…咦？人呢？
哇啊～別跑啊～
※沙…
抱歉，剛好看到難得一見的蝴蝶。
※沙沙沙…
我把針插在大海的正中央了。
一望無際，感覺好舒服…
這個好！完全沒有會讓我分心的東西。
ザァ….
ザザザア…

※沙…
……
……
ザア…
ザア…
※噗通
ザバー
啊!!
有海豚群耶!
好壯觀!
抱歉!我會認真寫作業的。
※沙…
ザア…
就算看到船我也不會分心。
※沙…
ザア・
候鳥群經過我也完全不在意。
※沙…
ザア…
鯨魚也和我沒關係!!
連海上漂流者也…

奇妙地球透視鏡Q&A

Q 下列何者是用來觀測高度約30公里處高空大氣層的氣溫與氣壓?①雷達 ②氣球 ③人造衛星

A ②氣球。日本氣象廳每天會由全國16個地點，施放兩次裝有氣象觀測儀器與無線傳送器的橡膠氣球，進行觀測。

得去救他才行!!
快追上剛剛那艘船。
累死人了…
要回去了嗎？
完全沒提高效率…
作業寫好了嗎？
完全沒有進展!!
海上實在太有趣了啦！再拿出更適合唸書的景色出來!!
換成日本平靜的雪山如何？
這個好像真的沒有任何干擾物了。

奇妙地球透視鏡Q&A

Q 影響全球氣象的聖嬰現象，其名稱原本的含意是？①小魚 ②神之子 ③海豚

可是……就算寫到明天早上，好像也寫不完啊……
你也只能盡量寫了啊!!
先跟你說好喔，你可別再發現什麼奇怪的東西了!!
我哪有那種美國時間！
※颼
不管是下雪、還是飄箭……
又或者是暴風雪，我都不管了!!
ビュウ
ゴオオーー
※轟轟···
就算是有人遇難我也……
遇難!?
我不是叫你別再發現奇怪東西了嗎？
誰叫它自己要投影出來啊!!
好猛烈的暴風雪！
這樣連三公尺外的地方都看不見了。
ビュウ
※颼···
哈啾！
我們分頭去找吧！

找到了！
可是我的作業也完了啦！
真的非常謝謝你們！我和燈京大學登山社的夥伴走失了…
你是燈大的學生!?
那小學生的作業對你來說一定簡單到不行吧？
你就通融這一次吧。下次我一定會自己寫的，好不好嘛？

A ② 神之子。祕魯北部漁民稱耶誕期間帶著大批魚群出現的暖流為「神之子（聖嬰）」。

運用科技揭開地球內部的奧祕

利用人造地震尋找潛藏在海底的巨大地震巢穴

在一百零一頁中介紹過，人類透過地震波的傳播方式得知地球內部構造。科學家打算利用這項原理，以人工製造地震波，調查難以直接看見的地底構造。

在海底方面，科學家在海洋研究船上設置了「空氣槍」，以振動源壓縮空氣，向海底持續的發射人造地震波，然後利用海面上的接收器（海洋地震漂浮電纜）與海底地震儀，捕捉海底下方地層交界處的反射或折射波進行「海底結構探勘」，目的在弄清楚海底地層構造，以及海底下有哪些地層和斷層。調查的方式類似利用超音波診斷裝置研究人體。下圖說明的「反射法」可調查十幾公里以內的海底地層。「折射法」則可調查超過五十公里的更深層結構。目前已得知南海海槽等地方是引發巨型地震的板塊交界，而這項研究將有助於地震的預測。

在陸地方面，科學家運用油壓式巨型振動器製造人工震源，在地下地層製造反射波與折射波，找尋火山正下方的岩漿狀況及上升的路徑，進行地層結構探勘。

然而，地底結構探勘並非僅調查反射和折射的地震波，也包括其他重力、密度構造等各式各樣的調查，都能讓我們更加清楚地底構造。

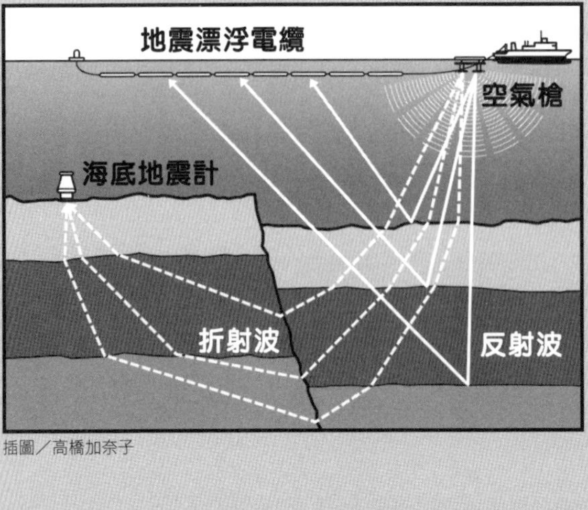

◀海底結構探勘。從海面上接收反射波的方式稱為「反射法」，利用海底地震計捕捉反射波與折射波的方式稱為「折射法」。

插圖／高橋加奈子

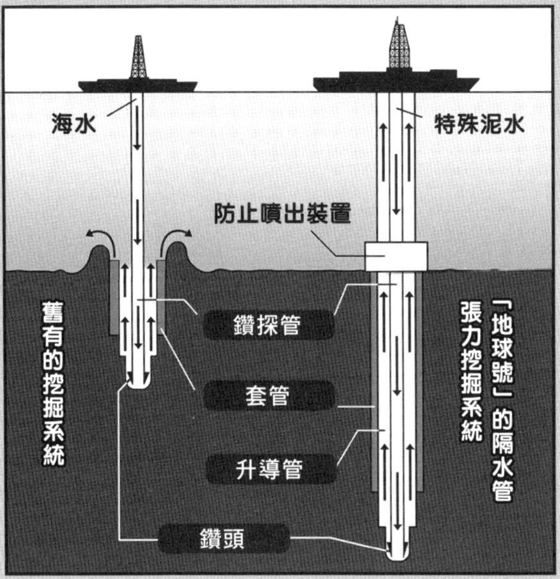
海水
特殊泥水
防止噴出裝置
鑽探管
套管
升導管
鑽頭
舊有的挖掘系統
「地球號」的隔水管張力挖掘系統

▲不同於過去將鑽探廢棄物丟進海底的方式，「地球號」透過導管升起以回收鑽探廢棄物，能鑽探到更深、更安全又穩定的地方。

展開海底鑽探任務鑿穿地殼，目標是到達地函

鑽入地底以調查地球內部的研究也正在進行中。在陸地方面，一九八九年，前蘇聯留下了挖掘到深度一萬兩千兩百六十一公尺的紀錄。另外，地殼到地函的厚度在陸地上大約是三十至五十公里，海洋地殼則大約是六至七公里，相對較薄，因此美國於一九五〇年代末期展開鑿穿海底前進地函的計畫。該計畫雖以失敗告終，不過後來轉向地震發生機制及地底生態的調查。以地球環境變遷與地球內部活動的理解為目的，利用國際合作進行海洋科學的探究。深海探測船「地球號」就是日本所開發的世界最大科學鑽探船。截至二〇一二年鑽探的最深紀錄已經超越過去的兩千一百一十一公尺，成功到達兩千四百六十六公尺海底深處。

特別專欄

對「地球號」的期待

全長210公尺、總重量約5萬7000公噸的巨型大船上，聳立著高度超過100公尺的高架起重機。深海探測船「地球號」是鑽入海底、採集岩石樣本等的特殊海洋研究船。

「地球號」自2007年起執行南海海溝挖掘任務，成功鑽到曾經引起大地震的斷層，並將地震計等觀測儀器裝置在鑽孔裡，成功完成各項任務。另外「地球號」也善用其優異的功能，進行次世代能源「甲烷水合物」的挖掘測試等。（可參見刊頭彩頁第四頁）

利用海洋觀測調查，發現不為人知的地球

深海是地球上最後的祕境

科學家表示，深海是地球上僅剩的未知領域。因為陽光晒不進這裡，所以深海一片黑暗。在水深一千公尺處約有一百大氣壓，水壓很高，溫度約二至四度，水溫也很低。再加上缺乏營養源，因此深海一直是人類難以靠近的祕境。但是，過去被認為是「死亡世界」、水深約一萬公尺的馬里亞納海溝的挑戰者深淵，被發現存在著短腳雙眼鉤蝦等生物，其海底沉積物中也採集到眾多微生物，微生物之中還找到了能夠製造醣類、分解酵素的新種微生物。因此科學家認為，深海中潛藏著對人類有益的未知微生物資源。

另外，深海海底也陸續發現倍受矚目的新能源，如：甲烷水合物，以及含有稀土元素的各類礦物資源礦床（熱液礦床）。日本缺乏陸地上的能源與礦物資源，幾乎都必須仰賴進口，但日本的領海及排他性經濟海域是世界第六大，因此日本積極的投入海底資源開發。等到將來有一天，人類能夠利用沉睡在深海海底的資源時，日本或許將成為「資源大國」。

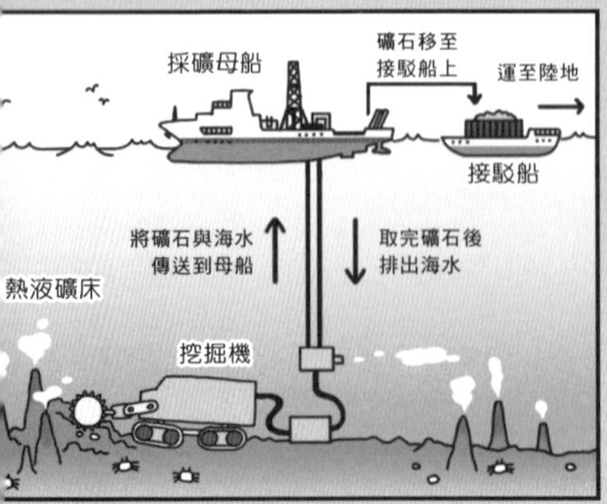

▲深海中的礦物資源經由以上流程開採，再經由船運運送到陸地。

▼日本引以為傲的載人潛水調查船「深海 6500」。

插圖／高橋加奈子

遍布海洋各處的自動觀測系統

除了深海之外，人類對於海洋也仍有著許多不清楚的地方。其中最重要的原因是，海洋觀測比陸地觀測還要困難，而且並非隨時隨地都能夠進行海面或是海底的觀測調查。

為了因應這樣的困境，於是開發出自動觀測系統。太平洋赤道附近海域有日本設置的海洋觀測浮標網，用來監測聖嬰現象。日本開發的海洋觀測專用浮標「TRITON Buoy」，能夠自動觀測深度七百五十公尺範圍內的水溫、鹽分、流向、流速、氣溫、氣壓、降雨量等海上氣象，並透過衛星通訊將數據傳送到日本。另外，現在全球海洋中約有三千五百台「Argo float」觀測儀，平常漂流在深度約一千公尺的海裡，每十天會自動下沉到兩千公尺深的地方，一邊往上浮一邊觀測從這裡到海面的水溫和鹽分，等到透過衛星通訊傳送觀測數據之後，就會再度下沉到海裡待機，是相當出色的自動觀測系統。

插圖／高橋加奈子

▲ 沉入深海中傳送觀測數據的「浮標（float）」（上）與浮在海上傳送觀測數據的「浮標（buoy）」（下）。

特別專欄

時隔半世紀後，到達地球最深處的男人

2012 年 3 月，以《鐵達尼號》、《阿凡達》等電影作品聞名的導演詹姆斯·卡麥隆（James Cameron），成功搭乘單人潛水艇潛入世界最深的馬里亞納海溝挑戰者深淵（水深約 1 萬 900 公尺）。日本也曾經成功派遣無人探測器「海溝號」等前往該處調查，不過上一次載人探測是在 1960 年，由潛水艇「里雅斯特號（Trieste）」載著一位瑞士人和一位美國人成功的完成任務。經過了半世紀的時間，曾經體驗過宇宙的人類（太空人）已經超過 1000 人，但是到達海底 1 萬公尺深處的人類，卻只有 3 個人。

與時俱進的觀測技術

從宇宙的角度觀測地球環境

二〇一二年九月，分析日本水循環變動觀測衛星「水滴號」拍攝北極附近的影像時，發現北極海的海冰出現觀測史上（一九七八年以來）最小的面積（請參考刊頭彩頁）。科學家認為主要原因是最近幾十年間，北半球的氣溫與海水溫度上升，使得冬季形成的冰層厚度變薄。在刊頭彩頁畫面上的「水滴號」，是二〇一二年五月日本所發射的地球觀測衛星，其任務就是從宇宙觀測地球環境的變遷。衛星上搭載微波輻射計，可用來觀測降雨量、水蒸氣含量、海面水溫、積雪深度、土壤含水量等等。

影像提供／日本氣象廳、三菱電機（股）公司

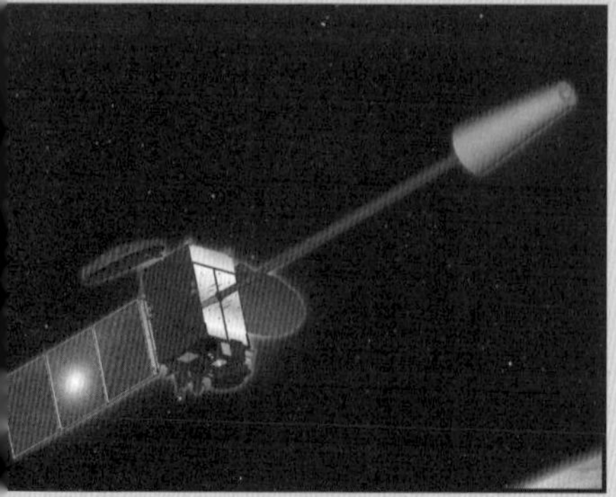

▲氣象衛星「向日葵七號」。

日本到目前為止也曾經發射多枚能夠從宇宙觀測地球環境的人造衛星，例如：溫室效應氣體觀測技術衛星「息吹號」、陸地觀測技術衛星「大地號」、環境觀測技術衛星「綠色二號」、熱帶降雨觀測衛星TRMM等。其中最為人所知的就是一九七七年起使用的氣象衛星「向日葵號」（現在是七號）。這顆衛星能夠正確觀測難以進行氣象觀測的海洋與山岳地區大範圍的雲、水蒸氣、海水等的分布，除了提供一般氣象預報之外，也有助於監看與預測颱風、豪雨等。

▲氣象衛星「向日葵」捕捉到的影像。三個颱風正在接近日本。

影像提供／日本氣象廳

為了得到更準確的氣象預測

一般民眾固然在意地球未來的環境，但更想知道的或許是與我們息息相關的明日天氣。日本氣象廳表示，天氣預報的命中率年年提升，最近已經高達百分之八十五以上（例如：東京明日是否降雨）。日本國內各地約有一千三百處氣象臺、觀測站、地區氣象觀測系統（AMeDAS）等進行氣象觀測，全國各地也設置了都卜勒雷達（請參考刊頭彩頁）、剖風儀等。除了這些觀測網之外，還要加上可以協助處理大數據的超級電腦。輸入從全球數千個地點的觀測資料、氣象觀測衛星、船舶、航空器等收集到的大量氣象數據，透過超級電腦運算之後，就能夠預測未來的大氣狀態，讓我們能夠根據這些結果來進行氣象預報。二〇一二年六月，日本氣象廳啟用了每秒可高速運算八百四十七兆次的新型超級電腦，處理能力是以往的三十倍，能成功預測過去難以預測的豪大雨等。

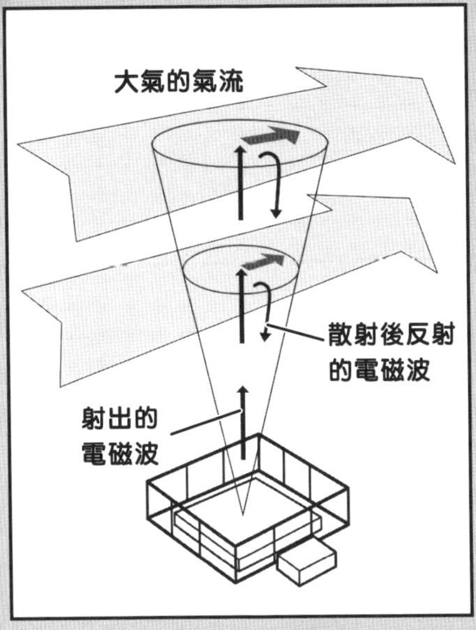
大氣的氣流
散射後反射的電磁波
射出的電磁波

▲「剖風儀」是根據測速器的原理，利用電磁波觀測上空數公里範圍內的風向風速。

特別專欄

熱島效應

路面柏油與建築物的水泥提高了熱能吸收，再加上汽車引擎與冷氣設備的散熱，使得都會區的氣溫比郊外高約1～2度。這種都會區的高溫化現象就稱為「熱島效應」。

都會區因為較容易保溫，氣溫到了夜晚也不會下降，因此夏天出現熱帶夜的天數愈來愈多，也較容易出現豪大雨和打雷。另外，東京等地區的海灣地帶蓋了許多高樓大廈，造成海風不易通過，也使得都會區的高溫情況更加惡化。

地底的太陽能乾冰源

啊……把暖爐關掉會冷耶！
要睡到客廳睡。
每個房間都開暖爐太浪費了。
真小氣。
家裡的經濟不寬裕，要體諒媽媽。
不是那樣的。
地球上的石油剩下不多，
不珍惜使用的話，馬上就用光了。

真的快沒有石油啦？
真的啊。
你們居然都不緊張!?
車子、飛機、船、全部都會動彈不得耶!!
沒有電，會變得漆黑又寒冷。
還不只這些呢！如果放著不管，整個社會就要天翻地覆了。
好恐怖喔……
為了避免類似情況發生，全世界的學者正在努力研究。
二十二世紀則是使用這個。
「太陽能乾冰源」。
好溫暖！
這是將太陽能轉化為像乾冰那樣的固狀物。
融化掉了。
因為碎片太小了。
去挖一塊新的吧。
挖？
去哪裡挖？

奇妙地球透視鏡Q&A

Q 以警告地球環境問題而聞名的書，其書名是？①寂靜的春天 ②極寒的冬天 ③萌芽的春天

我已經先將夏天的炙熱陽光，蓄積在地底下。
門要關好，否則會融化的。
礦脈佈滿全鎮的地底下。
因為遇冷會融化，
所以需要時再取出使用。
用布包起來就像懷爐。
掛在天花板上，就成為電燈。
放入紙筒，就變成手電筒。
好刺眼。

A ①寂靜的春天（*Silent Spring*）。書中預言化學物質將造成嚴重的環境污染。本書自一九六二年問世以來傳頌至今。

Q 科學家計畫派人飛往火星。這是真的嗎？

丟到茶壺裡……
水馬上就開了。
用法多到數不完，好神奇的能源喔！
開公司來販賣吧！然後輸出到世界各地大賺一筆……
你馬上就動歪腦筋了!!
能取得便宜又方便的能源，大家一定會很開心的，這樣不對嗎？
你愛吃銅鑼燒吧？
不要突然問我怪問題!!
我愛吃，但是最近手頭很緊。
用「太陽能乾冰源」大賺一筆，讓你吃個夠。
就、就聽你的。
真是個頭腦單純的傢伙。
我去賣。

我是「太陽能乾冰源」的銷售員。
既溫暖又明亮，一百公克只要一百圓！
我覺得很棒，但是沒有錢。
好冷喔，這種天氣別練習了。
這可以當溫暖的懷爐使用。
這個好，給我。
要一百圓？
好貴，我不要!!
居然連朋友的錢都想賺！
哈啾！
根本行不通。

A 真的。這是美國太空總署（NASA）的計畫，這項計畫似乎還要很久才能執行，也許等各位長大就能夠親眼見證計畫實現。

用這種方法賺錢，果然還是不太好……
你不想吃銅鑼燒了嗎!?
不，就算為了銅鑼燒……但是賣不出去，而且外面又冷……
對了，讓你當社長吧。
三、兩下就能蓋棟大樓。
銅鑼燒公司
對了！在社長室隔壁，開一間銅鑼燒食堂吧。
銅鑼燒食堂!?
讓你能隨時盡情的享用銅鑼燒。
銅鑼燒生魚片
銅鑼燒蓋飯
銅鑼燒咖哩
銅鑼燒堡
銅鑼燒排
我會想辦法拚命賣的！

奇妙地球透視鏡Q&A

Q

有一説認為地球在幾十年之後將進入小冰期（迷你冰河期）。這是真的嗎？

要怎樣才能賣得出去？
對了！今天先免費贈送樣品。
只要大家了解它的便利性，就不得不買了。
石油也是這樣。以前的人沒有石油，還不是過得好好的。
還是算了。
別練了啦。
到處灑下「太陽能乾冰源」……
啊!?
好像變得暖和了。
開始練習吧。
明天開始，一百公克一百圓。

A 真的。科學家預測太陽的活動將會減弱，地球的氣溫也會跟著下降。這是與二氧化碳造成地球暖化相對立的理論。

※噗通

只要一小塊碎片，
ポチャ
馬上就變熱水喔。
好棒喔。
我忘了說……
明天開始，一百公克一百圓。
拿去試用看看。
明天起，一百公克一百圓。
大家拿去試試……
這樣就能賣得出去了。

奇妙地球透視鏡Q&A

Q 從太空中也能夠看見我們點亮的街燈。這是真的嗎？

A 真的。在高度約四百公里處的遙遠上空繞行地球的ＩＳＳ（國際太空站），可以看見夜晚閃耀的光流。

大家都搶著要試用品呢！
這麼受歡迎啊!?
離銅鑼燒不遠了!!
我不是說過要關好的嗎？會融化的。
免費試用活動結束了。
我願意付錢。
這麼需要啊？
一百公克一百…不，兩百圓!!
謝謝惠顧。

不可以坐地起價！
賣兩倍價錢，就可以買兩倍的銅鑼燒喔。
一百公克三百圓。
一百公克五百圓!!
好貴！
嫌貴就不要買。
銅鑼燒…不對，「太陽能乾冰源」只有我有。
五百圓沒關係，我買。
你看吧。
我馬上去挖。
說到銅鑼燒，就變了個人。
啦～啦啦啦啦啦～
讓您久等了。
明年夏天再找個更寬敞的地方，大量製造吧。

奇妙地球透視鏡Q&A

Q 日本擁有全球最多的下列何種設施？①火力發電廠 ②製鐵廠 ③垃圾處理場

輸出到世界各地，
再輸入全世界的銅鑼燒，嘻嘻嘻。
你的口水……
怎麼好像變熱了。
糟了!!
我沒關門……
融化之後飄散到全鎮了!!
大家都換穿短袖了，這股熱度還會持續一陣子吧。
唉……

A ③垃圾處理場。日本全國約有一千七百座焚化爐，占全球總數量的三分之二。

人類活動帶給地球什麼樣的影響？

真的快沒有石油啦？
真的啊。

其他生物與人類的差異爲何？

現在生活在地球上的人類人口數量約七十一億人。回顧過去約四十六億年的地球史，再也找不出曾有其他的生物像人類這樣，數量這麼多，而且生生不息。

那麼，人類與其他生物的差別是什麼呢？那就是人類發明了可以採收作物的「農耕」。有一些科學家認為，假如人類沒有發明農耕的話，人類的數量最多只會增加到五百萬人。

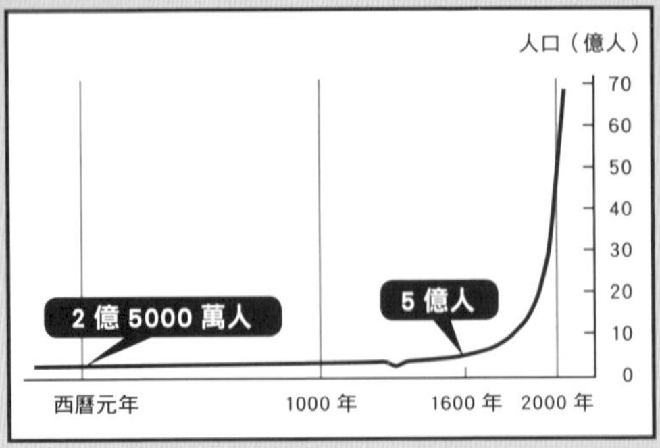
人口（億人）
70
60
50
40
30
20
10
0
2億5000萬人
5億人
西曆元年
1000年
1600年
2000年

▲從西曆元年起到目前為止的人口變化圖。自300～200年前的「工業革命」之後，人口數急遽增加。

人類是唯一懂得善用地球資源的生物

人類透過農耕建立了「積極生產食物」的方法，由此為開端，慢慢懂得利用土壤、水等地球資源與太陽能生產各種東西。

人類以前所未有的方式利用地球上富存的資源，增加人口並促進文明發展。然而，在最具代表性的資源「石油」被發現之後，一連串的開發與資源的運用，已經開始影響到地球的整體生態環境了。

石油也是這樣。以前的人沒有石油，還不是過得好好的。

◀人類的歷史或許也可說是一部地球資源利用史。

為了支撐持續增加的人口，必須不斷開發大自然？

大約一萬年前發明農耕以來，人類逐漸擴大自己的「地盤」。人口每次一增加，就需要新的生活場所，於是人類砍樹伐林，在森林裡打造農耕地和住所。

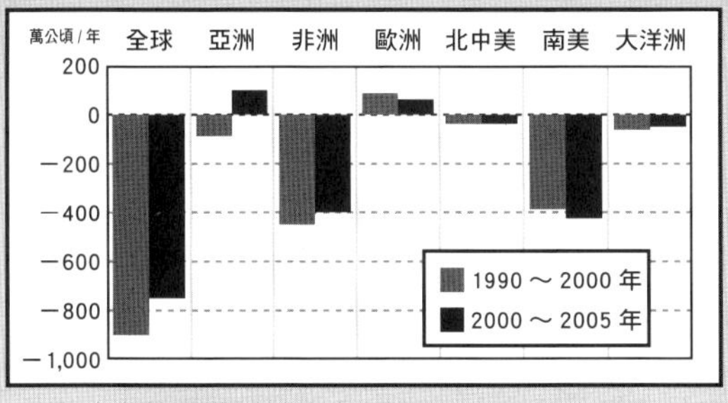
萬公頃 / 年
全球
亞洲
非洲
歐洲
北中美
南美
大洋洲
200
0
−200
−400
−600
−800
−1,000
1990 ～ 2000 年
2000 ～ 2005 年

▲ 全球森林面積增減示意圖

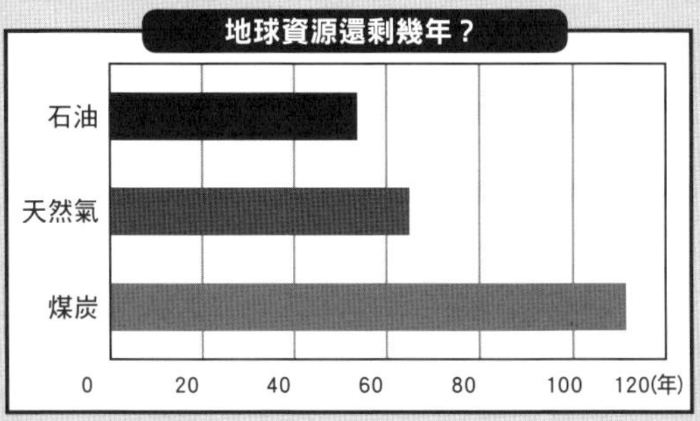
地球資源還剩幾年？
石油
天然氣
煤炭
0
20
40
60
80
100
120(年)

▲ 顯示地底資源可使用年數的「可採集年數」（2011 年的資料）。

接著到了約三百年前，「工業革命」帶來重大轉變，人類終於得以利用機器進行大量生產。文明急速發展，生活也大幅轉變，每個人都在追求「更加快樂且富裕的生活」，進一步持續消耗資源。

造成的結果就如同左上角的圖表所示，地球的資源顯著的減少了。

嘗試與過去不同的共存方式

現在的我們能夠過著便利的生活，的確是多虧有前人的累積。但筆者希望大家記住，人類固然繁榮，卻同時也在世界各地持續消耗龐大的資源。

有報告顯示，人類的生產活動造成每年有比日本九州（三萬六千七百五十二點六平方公里）面積更大的森林消失。電力與燃料上使用的石油等化石燃料的耗竭也只是時間的問題。更糟的是，學者們預測四十年後的人口數將會超過九十億。

為了留給未來一個美麗且永續的地球，我們應該好好思考，要如何改進人類與地球資源的共存方式。

怎麼好像變熱了。

繼續這樣下去，地球將失去平衡？

超越大自然的淨化作用——「酸雨」造成的損害

人類消耗地球資源，建立了自己的社會系統。過程中也對地球環境造成重大的改變。

例如：汽車排放的廢氣、工廠與垃圾焚化爐排出的煙霧等，人類生產活動產生的有害化學物質，溶入積雨雲裡變成「酸雨」，降落地面。

酸雨的「酸」原本是科學界的詞彙。酸性越強，溶解物質的性質也越強。做菜時使用的醋、檸檬汁等「酸味」食材都是具有弱酸性的液體。

一次降雨量降下的酸雨酸度極低，但是在同樣區域持續下雨的話，雨水中的化學物質就會一點一點累積在土壤和湖水裡，將那片土地變成酸性，如此一來該地區就會變成生物無法生存的「死亡世界」。

這類破壞變得具體可見，是在距今大約五十年前。歐洲發生大片森林的樹木同時枯死、湖裡的魚群陸續死

化學物質傷害地球的天空！

臭氧層
氯氟烴破壞臭氧層
吸收紫外線的能力減弱
紫外線增強
紫外線
氯氟烴
氧化物在大氣中變成硫酸或硝酸
融入雲裡
酸雨

臭氧層破壞

臭氧層是地球誕生時就有的地球防護罩。人類只花了幾十年時間就對它造成破壞。

酸雨

釋放到大氣中的硫氧化物、氮氧化物等發生化學變化，融入雲裡，降下酸雨。

亡等種種無法解釋的「災難事件」。

人們詳細調查肇事的原因，終於得知是因為工業區排出的煙霧被風吹送至各地，導致各地下起酸雨。

多虧世界各國合力採取因應措施，現在酸雨的傷害已經減少了，但不變的是，因為人類豐富的生活，大自然中多數的生物均無奈的被犧牲了。

生產活動的影響出乎意料！氯氟碳化合物對「臭氧層」的破壞

有一種化學物質對人體無害，因此基於方便，人類廣泛的應用它，但是實際上，它對「地球有害」。這個化學物質就是直到約二十年前，我們仍用於冷氣、頭髮噴霧等產品上的「氯氟碳化合物」（氯氟烴，簡稱CFCs），它雖然對人體無害，卻在距離地表幾十公里的高空引發了嚴重的問題。

我們夏天會被太陽曬黑是因為紫外線的緣故。如果曝曬過度，皮膚組織就會被破壞，引發「癌症」，而替我們阻擋這個紫外線的，就是覆蓋在地球上空平流層的「臭氧層」。

然而氯氟碳化合物卻破壞了這個「臭氧的屏障」。

自從發現這個問題後，國際間開始限制排放氯氟碳化合物。但科學家表示，臭氧層一旦減少，必須花上幾十年才能夠恢復。現在每年九月至十月間，南極上空就會因為臭氧層變薄而出現「臭氧層破洞」。

特別專欄

地球暖化的「犯人」是二氧化碳？

地球平均氣溫正在逐年上升，原因據說是我們排放的二氧化碳（CO_2），不過這項主張仍有爭議。人類為了製造能源，不斷燃燒石油和煤炭，此時產生的二氧化碳造成了地球的「溫室效應」。

然而，在地球漫長的歷史中，也曾經歷過數次劇烈的氣候變動。根據這一點，我們很難確定導致地球溫度發生變化的兇手，是否正是人類製造出來的二氧化碳。不過，這項爭議的發生，事實上也是因為民眾對於地球環境意識的提升。

想一想，能源與未來的生活

利用自然界的力量「可再生能源」的潛力

如何能夠製造能源又不浪費有限資源呢？我們此刻正面臨這項難題。不過，文明發達所帶來的科技及人類智慧，已經想出解決之道了。

運用自然界中永遠不會耗竭的陽光、風、熱等「可再生能源」，就是解決這項能源問題的腹案。眾人對於這種不會污染環境，也不會造成資源枯竭的能源充滿期待。

可再生能源的○與△

	○	△
陽光	晴天多的地方可有效發電。	建立設備時會破壞大自然。
風力	使用小型風車的話，市區也可利用。	風車轉動時的噪音太大。
水力	利用小溪流等打造迷你發電廠。	降雨量不同會改變發電量。
地熱	這個方法適合多火山的日本。	最適合的地點多半是自然保護區。

用玉米發動汽車！對於「生質燃料」的期待

「生質燃料」是使用植物或微生物做為能源的燃料。歐洲已經開發出使用生質燃料發動的汽車。可以被當成原料的植物和微生物在成長過程中會吸收二氧化碳，因此即使燃燒，也不會改變大氣中的二氧化碳總含量。可以利用木材、家畜排泄物等製作也是一大優點。日本也正在研究利用微生物與雜草萃取的油，製造成生質燃料。

▼生質燃料包括「乙醇燃料」、「生質柴油（BDF）」、「生物氣體」這三種。

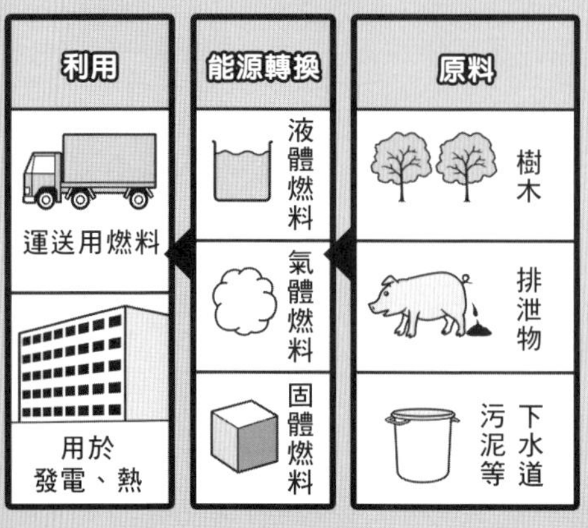

沉睡在海底的龐大地底資源 甲烷水合物

甲烷水合物的別名是「可燃冰」。一般認為低溫高壓的海底裡埋藏了許多。甲烷水合物在海底是類似冰塊的固體狀，但運上陸地的途中就會分解，產生原體積一百六十至一百七十倍的甲烷氣體。甲烷氣體具有一點火就燃燒的特性，因此可用來當作瓦斯，運用於瓦斯爐或烤箱，或用於發電、當作燃料電池等。

◀日本近海擁有的甲烷水合物含量，約等於國內天然瓦斯五十年以上的消耗量。

目前科學家正在研究可有效回收甲烷水合物並進一步萃取甲烷氣體的方法。如果能夠成功利用甲烷氣體，我們不能再像過去那樣浪費資源，必須珍惜使用這項新能源。

必須與能源問題一同解決的事情

等到各位長大時，研究技術開發已經更進步，前面提到的某些能源，也許都能夠實際運用了。

但是地球的問題並非這樣就能解決。如果繼續像過去一樣，只顧著一味追求豐富的生活，在各式各樣的大自然平衡機制下建立的地球環境，將會繼續蒙受更大的破壞。

◀沖繩街上設有EV電動車專用充電站。這是期望EV電動車普及的街道規劃範例。

照片／古谷千佳子

像是不排放廢氣的EV電動車、可有效分配電力且毫不浪費的供電系統等，諸如此類著眼於未來社會的能源新技術，正在逐步實現。能否善用這一切，好讓地球能生生不息，孕育更多豐富的生命和生活，就看我們了。

逃出地球計畫

漫畫、點心、還有做了一半的模型……
再帶一些泡麵好了。
幹嘛這麼慌張啊？
我在準備搬家啊！搬家！
你看看這本書！我沒有辦法再繼續待在這種可怕的地方了。
即将滅亡的地球
上面寫著未來石油會被挖光、人口也會急速增加，到時候冰河期和大地震一來，地球就會滅亡了。
即将滅亡的地球

我們還是快逃吧！
要逃到哪去啊？
天呀！我們無處可逃！
用不著這麼慌張啦。
又不是馬上就會發生這種事。
而且人類又不是笨蛋，到時候一定會順利擺脫困境的。
是這樣子嗎……
可是還是很令人擔心啊。
為了以防萬一，我們還是先準備好逃亡地點吧！
這樣子至少比較安心吧。
雖然只能逃到別的星球去……
不過，適合人類居住的星球還真難找啊……
星球目錄
星
實在太麻煩了。
隨便選個星球…
我們把它改造成可以居住的環境吧。
那就趕快著手進行吧。

Q 飛離地球、脫離太陽系所需的速度是時速約？①3萬公里 ②6萬公里 ③10萬公里

前往我們的星球吧！
ゴウ
※轟
是個沒有空氣的星球啊。
所以這邊的空氣才會流過去。
那就不能住啦。
撒上「固體空氣」試試看。
ザラザラ
※撒
順利撒完了。
應該差不多都溶化了吧……
嗯，這樣就行了。
走吧！

A ②時速約6萬公里。飛離地球只需時速約4萬公里，但要飛出太陽系必須甩開太陽重力，因此需要約6萬公里的時速。

這個星球還真小耶！直徑不知道有沒有三百公尺？
那個應該是這個星球的太陽吧？
先繞一圈到處看看再說吧。
你往那邊走。
我從這邊走。
預備～出發！
怎麼都是岩石啊。
好像連一滴水都沒有，更不要說植物了。
ヒラリ

※輕輕一跳

奇妙地球透視鏡Q&A

Q 目前地球上的所有生物加起來一共有多少種？

①約30萬種 ②約3千萬種 ③約30億種

A

②約3千萬種。科學家認為約有5百萬至3千萬種。人類已知的大約只有當中的175萬種。

哇啊！跳過頭啦！
這裡的引力很小，得小心點才行啊。
如果要住在那顆星球上，得費一番工夫改造才行。
誰叫它什麼都沒有。
※沙沙
首先必須有水。
ザアー
我們來做個小小海洋吧！
等做好海洋，再來造山。
然後讓天空飄幾朵雲，讓它偶爾可以下雨……
也要種一些花草樹木吧。
過一陣子，也可以讓小動物住在那裡。

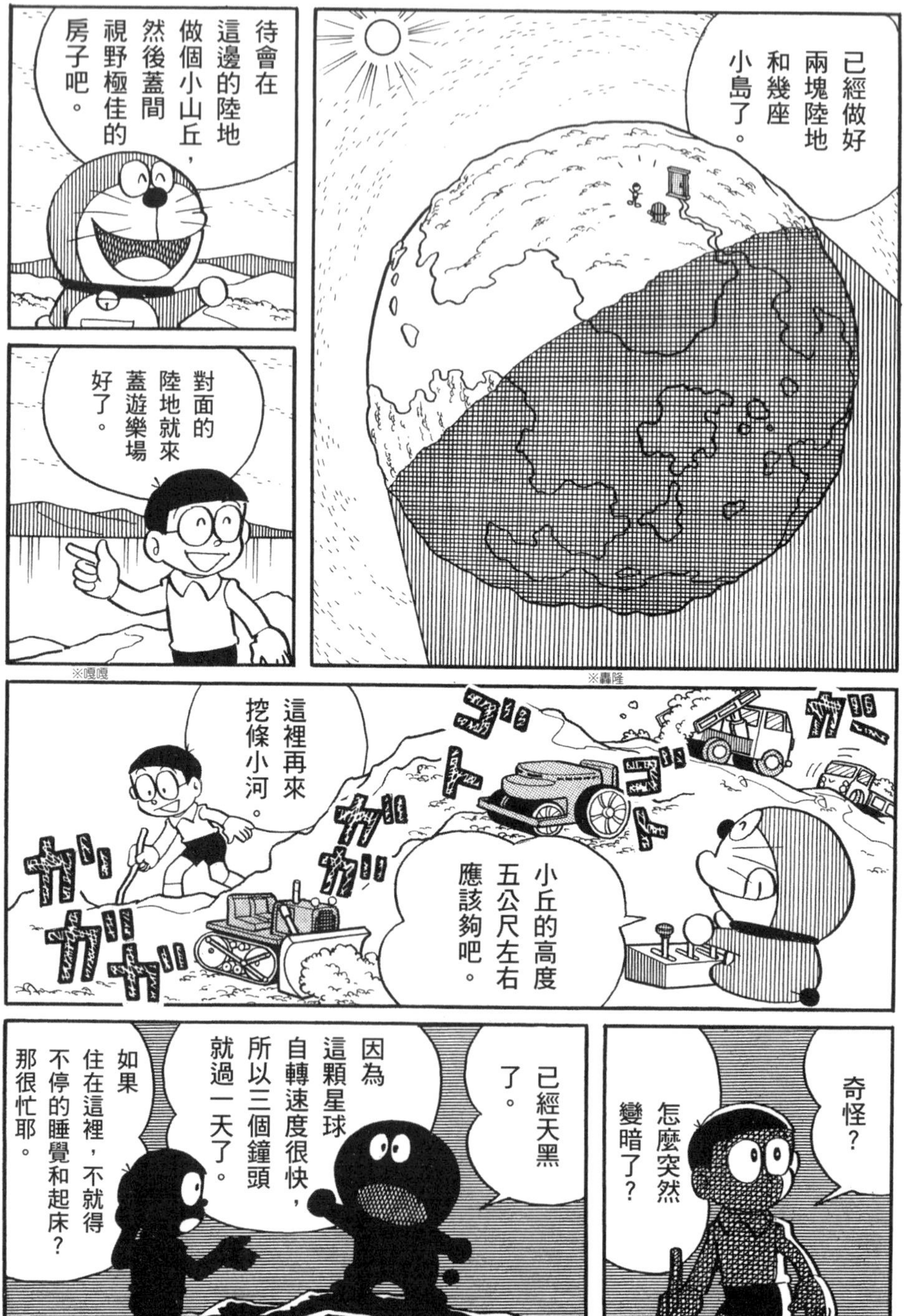

已經做好兩塊陸地和幾座小島了。
待會在這邊的陸地做個小山丘，然後蓋間視野極佳的房子吧。
對面的陸地就來蓋遊樂場好了。
※嘎嘎
※轟隆
小丘的高度五公尺左右應該夠吧。
這裡再來挖條小河。
奇怪？
怎麼突然變暗了？
已經天黑了。
因為這顆星球自轉速度很快，所以三個鐘頭就過一天了。
如果住在這裡，不就得不停的睡覺和起床？那很忙耶。

奇妙地球透視鏡Q&A

Q 綜觀地球史，科學家認為歷史上曾經存在約50至5百億種生物。這是真的嗎？

A 真的。這是古生物學家大衛・洛普計算的結果。其中大多數已經滅絕，不過地球史上曾經存在為數眾多的生物。

發電裝置做好之前，先從家裡拉延長線吧！
我把空地的樹木拔過來了。
我也來。
就算是雜草，有也總比沒有好。
ドタ ドタ
バタ バタ
不可以在走廊跑來跑去的。
※啪噠
※咚咚
看起來完全不一樣了。
太陽又升起來了耶。
這可是我們花了一整晚辛苦工作的成果。先休息一下，吃碗泡麵吧。
我去把瓦斯拉到這裡來煮吧！
ドタ ドタ
你們到底在幹什麼啊？
※咚咚

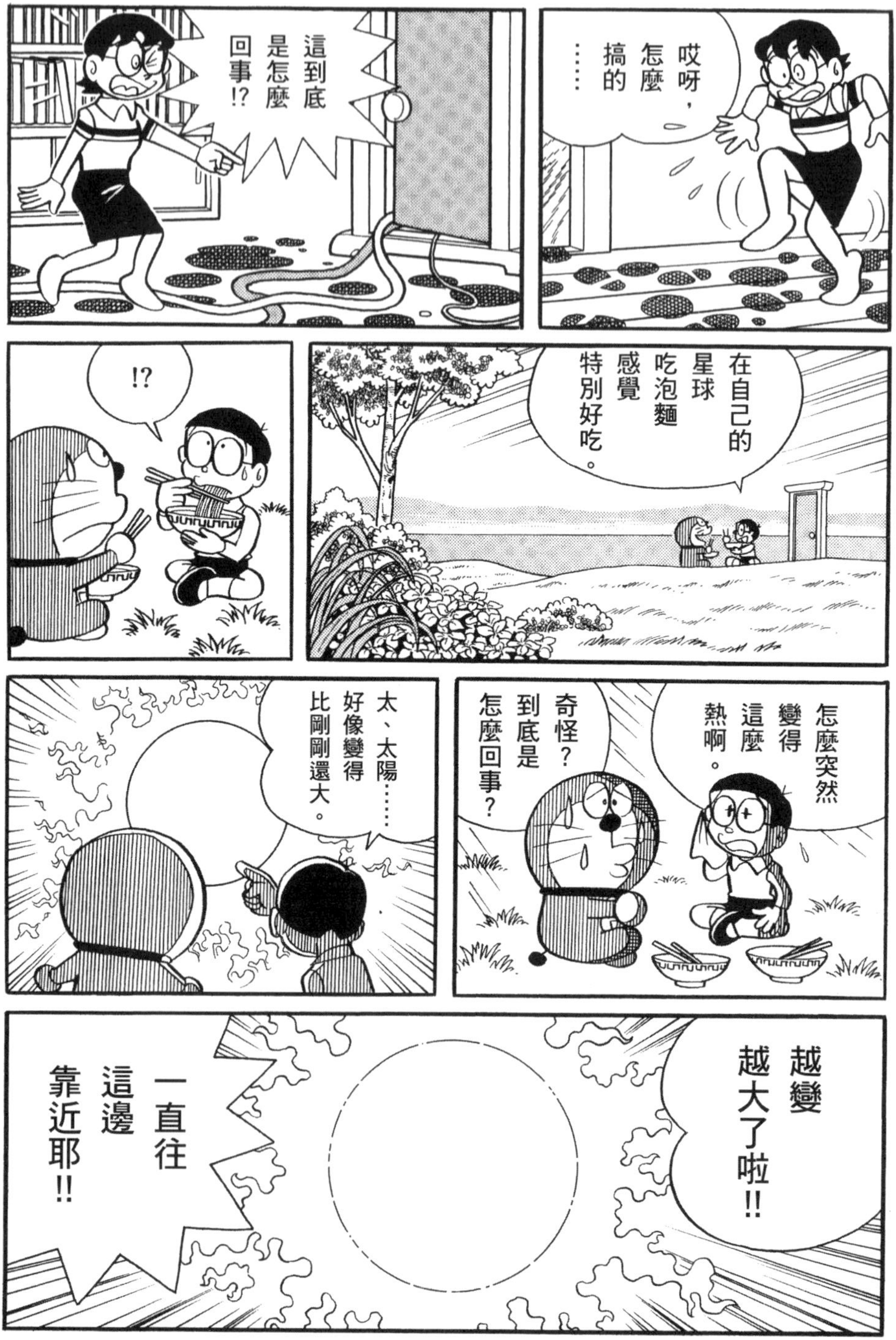
哎呀，怎麼搞的……
這到底是怎麼回事!?
在自己的星球吃泡麵感覺特別好吃。
!?
怎麼突然變得這麼熱啊。
奇怪？到底是怎麼回事？
太、太陽……好像變得比剛剛還大。
越變越大了啦!!
一直往這邊靠近耶!!

Q 太陽會在大約50億年後爆炸，而地球也會隨著太陽系消失。這是真的嗎？

A 假的。科學家認為太陽的壽命約50億年，不過他們也說太陽不會像超新星一樣爆炸。詳情可參見第二〇三頁。

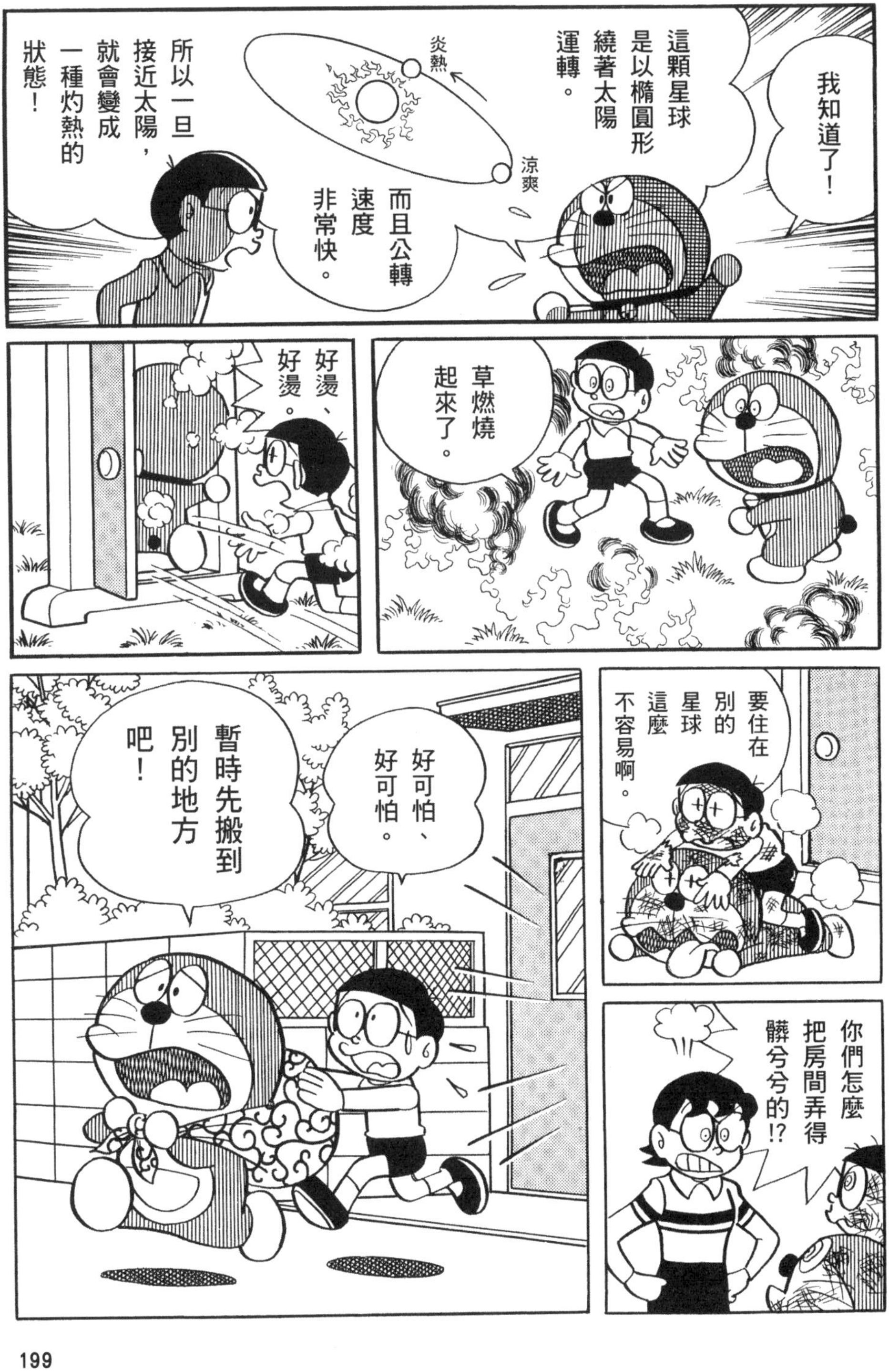

我知道了！
這顆星球是以橢圓形繞著太陽運轉。
炎熱
涼爽
而且公轉速度非常快。
所以一旦接近太陽，就會變成一種灼熱的狀態！
草燃燒起來了。
好燙、好燙。
要住在別的星球這麼不容易啊。
好可怕、好可怕。
暫時先搬到別的地方吧！
你們怎麼把房間弄得髒兮兮的!?

即將滅亡的地球

人類能夠在地球上生活多久？

每年生產的穀物
約 23 億公噸
90 億人口每人約分得 250 公斤
如果使用所有的穀物養牛
每年約生產 3 億公噸的肉
90 億人口每人約分得 33 公斤

即使人口突破九十億，地球上的食物仍舊供過於求？

漫畫中，大雄在找尋其他可移居的星球，以防止地球毀滅。

地球的滅亡雖然與人類的滅亡不同，不過我們可以先想想人類滅亡的可能。比方說糧食問題。現在全球人口約七十一億，其中有將近九億人在挨餓，然而人口卻仍在持續增加中，預測到了二〇五〇年將會超過九十億人，地球能夠生產出這麼多人需要的食物嗎？人類會因為飢餓而滅絕嗎？

現在全球生產的稻米和小麥等穀物的年產量，總共約有二十三億公噸。假設人類只吃穀物的話，每人每年只須一百五十公斤的穀物就足夠。即使人口數到達九十億，現在的穀物生產量仍舊充足。但若是吃肉的話，就另當別論

特別專欄

人類的壽命是
5 千年～ 780 萬年 ！

做出這項預測的人是美國物理學家戈特（John Richard Gott III）。不過這只是根據數學計算，算出有 95%的機率會得到這個結果。

人類誕生在地球上大約經過了 20 萬年。戈特思考這 20 萬年相當於人類壽命的百分之幾；如果現在不是人類壽命的開頭或最後的 2.5%，則有 95%的機率可算出人類的剩餘壽命。假如現在這 20 萬年是開頭的 2.5%，則人類壽命剩下 780 萬年；如果現在正好這 20 萬年是最後的 2.5%，則人類壽命剩下約 5000 年。

特別事欄

白堊紀大量滅絕時的滅絕速度
1 年約 0.001 種
現在的滅絕速度是每年約 4 萬種

生物目前正以地球史上最快的速度滅絕

我們將關注焦點從人類轉移到地球上所有生物。現在可以說是前所未有的大量滅絕時代。

我們可以想像恐龍絕跡的白堊紀晚期發生過什麼可怕的事，不過當時直到恐龍完全絕跡為止，可是花了數萬至數十萬年，絕跡的速度約是每年 0.001 種。

可是現在的生物卻是以每年 4 萬種的速度滅絕。這是人類破壞自然與胡亂獵取造成的嚴重後果，人類必須重新審視這顆孕育多種生物的地球。

未來
恐龍
鳥
現在

了。一公斤的牛肉必須使用七至八公斤的穀物當作飼料，也就是說，地球上現在有人餓肚子，都是因為地球雖然有足夠的能量「孕育生命」，人類卻不懂得善用。人類很可能因為與食物相關的爭執衍生出紛爭或戰爭，而遭核子武器或生化武器大量削減或滅絕。

有人說恐龍不是滅絕，而是演化成鳥了。經過漫長的時間之後，人類也有可能演化成不同於現在的樣貌。但是在此之前最重要的是，人類不能自取滅亡。

地球今後將會變成什麼模樣？

兩億五千萬年後，陸地的形狀將與現在大不相同

接下來的話題稍微離開地球人類及其他生物，我們一起想想地球這顆行星今後將會如何發展？現在地球上有六塊大陸，不過科學家認為在兩億五千萬年至四億年之後，這些大陸將會合併為一塊終極盤古大陸。以下是科學家預測終極盤古大陸形成後，可能發生的情況。

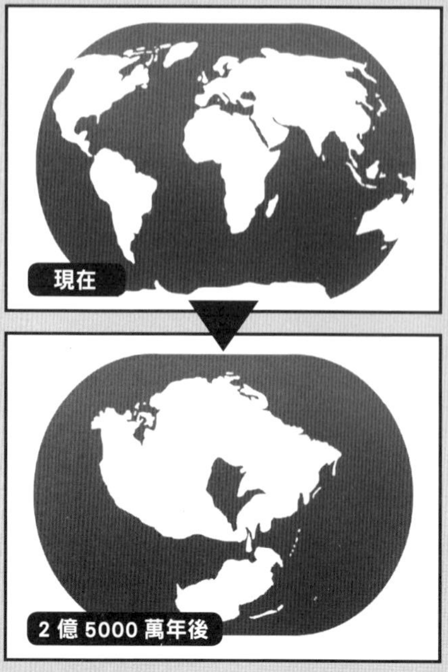

若是形成終極盤古大陸，河川將會變得很長。流動的河川侵蝕地面，搬運大量土裡的有機物，填到海底。所謂的有機物，是植物行光合作用，吸收大氣中的二氧化碳後形成的物質。這樣一來大氣中的二氧化碳濃度降低，也降

特別專欄

坊間出現預測未來生物的書

道格爾．狄克森（Dougal Dixon）的著作《After Man：人類滅絕後支配地球的奇異動物》中，描繪科學家想像5000萬年後，地球上的人類已經滅亡，到時候的動物會是什麼模樣。本書已經絕版，不過你若是在圖書館等地方找到，請務必一讀。

低了溫室效應，使得地球變冷。另外，海洋也合而為一，所以只要有一部分開始結凍，很容易就會擴大，地球就此進入冰河期。

但是，事情不是就這樣結束了。最後大規模的火山活動可能一口氣噴發，狠狠撕裂了終極盤古大陸。如此一來，大氣中的溫室效應氣體又會增加，地球再度暖化。也就是說，地球並非始終保持同一個模樣，而是在漫長的時間裡反覆變化。

五十億年後，地球將被膨脹的太陽吞沒……

產生變化的並非只有地球，太陽當然也會改變。既然談到地球末日，就不能不提到太陽。

現在太陽的亮度正在不斷增加。太陽亮度一增加，地球接受的能量也會跟著增加，並提高地球的溫度。如果地表溫度熱到水被蒸發的話，地球上的生物就會滅絕。但是地球要熱到讓生物無法存在，最快也要等到十億年以後。也有科學家認為要等到二十億年之後。

自現在起大約五十億年之後，太陽可能在燃燒殆盡前先大幅膨脹，吞沒地球。如果地球被太陽吞沒的話，那也就是地球這顆行星的末日了。

科學家認為，大幅膨脹的太陽會釋出氫氣等氣體，並且再度縮小，變成又小又暗的白矮星。

話說回來，膨脹的太陽縮小時釋放的氣體又會如何呢？事實上這些氣體將再度變成新星球的材料，到時候將會產生類似太陽的新星，也許它的四周還會產生幾顆行星，而某顆行星上也許有豐富水源能夠孕育生命。

之後，在這顆行星上演化的生物，或許也會替自己的星球命名，說不定會將它取名為「地球」。

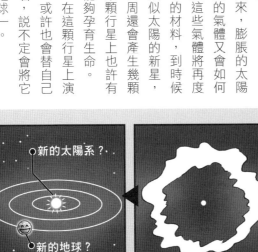

後記　地球是奇蹟之星！

川上紳一

岐阜大學教育學院教授。理學博士。一九五六年長野縣出生。名古屋大學理學院地球科學系畢業。專攻地球行星科學。以地球史研究，以及理科教育的教材開發等為主題。主要著作有《整個地球凍結》、《線條學：從節奏看地球史》等。

各位是否相信外星人的存在呢？或許有些人認為有，有些人覺得沒有。如果請教那些認為有外星人存在的人原因，他們多半會回答：「宇宙中有無數的星球，一定有哪顆星球上面住著外星人。」在美麗的星空底下面對浩瀚宇宙時，我也總會想著，也許哪兒會有外星人，真是不可思議。

過去不曾出現找到外星人的科學證據。關於地球以外的生物，我們曾在來自火星的隕石上發現類似化石的東西，因而引起廣大討論。二〇一二年，美國太空總署派出「好奇號」探測船前往火星，正式著手調查火星是否存在生物。火星上有單薄的大氣層，北極與南極均有乾冰形成的冰帽，土壤底下有冰存在，地表留著過去曾有水流

過的地形。但是火星現在變成乾燥寒冷的氣候，生物難以在那裡生活。另一方面，在地球內側繞太陽公轉的金星，大小與地球差不多。金星上有一百大氣壓的大氣層，地表溫度高達攝氏四百六十度，也不是生物能夠居住的環境。

反觀我們居住的地球，與火星、金星截然不同；藍天裡飄著白雲，白色浪花打上海岸；腳下的海灘上有螃蟹、寄居蟹等各式各樣的生物，甚至連漆黑一片的高壓冰冷深海海底，也能夠找到奇妙的生物。森林裡，有各類植物綻放漂亮的花朵，蜜蜂和蝴蝶等昆蟲飛來採蜜。對照荒涼無比的火星與金星，地球這顆生命力旺盛的行星是多麼美麗啊！我認為在我眼前看到的地球可謂奇蹟。

從地層挖出的各式各樣化石，告訴我們這個地表在地質時代也是個充滿生物的世界。活躍於中生代的恐龍、古生代的三葉蟲等，許多化石告訴我們地球生物壯觀的歷史。進一步追溯過去的話，可發現生物的活動均留下了痕跡。我們知道行光合作用的微生物曾經大範圍覆蓋海岸，產生的氧氣使海水裡的鐵氧化，堆積成鐵礦地層。根據最近的研究已知，地球生物可往前追溯到四十億年前。拿起沉重的化石仔細瞧，我不禁為了地球生物的歷史，像這樣變成地層與岩石留存下來而感動不已。

那麼，地球為什麼能夠成為孕育生物的水之行星呢？科學家認為四十六億年前的太陽系，稱為微行星的岩塊不斷碰撞，逐漸結合變大成為行星。金星和火星也是以同樣方式形成，不過只有地球正好位在距離太陽最完美的位置上，因此地表上能夠累積液體水；能夠存在大氣層和海洋則是因為地球長成適合的大小。也就是說，地球變成了具備孕育生物環境的行星。

但是，地球的環境並非一直都適合生物生存。巨型隕石撞擊地球造成恐龍滅絕，有時會發生大規模火山活動，有時地球表面還會變成足以凍結一切的寒冷氣候。儘管如此，生物還是存活下來，大規模演化至今。地球環境的變動與生物的轉變充滿戲劇性，只能稱之為「奇蹟」了。

存在於我們身邊的昆蟲、野鳥、各式各樣的植物等生物，一同度過了地球的這些巨變，持續存活直到現在。保護充滿生物

看起來完全不一樣了。
太陽又升起來了耶。

的豐富地球環境，邁向下一個時代，正是生活在這顆行星上的人類肩負的責任。我認為生活在地球上的我們每個人能夠存在，本身就是個奇蹟，相當了不起。

現代文明社會中存在著地球環境問題、水、地底資源、能源問題等各類困難的境況，面對這些問題，人類則藉由發展科技尋找對策。漫畫中的哆啦A夢也表示，人類可以透過科技發展解決前述的問題，這使得我們心中充滿了勇氣。

哆啦A夢科學任意門 ❹

奇妙地球透視鏡

●漫畫／藤子・F・不二雄
●原書名／ドラえもん科学ワールド── 地球の不思議
●日文版審訂／ Fujiko Pro、日本科學未來館
●日文版撰文／瀧田義博、山本榮喜、窪內裕、丹羽毅
●日文版版面設計／ bi-rize
●日文版封面設計／有泉勝一（Timemachine）
●日文版編輯／ Fujiko Pro、山本英智香

●翻譯／黃薇嬪
●台灣版審訂／陳卉瑄

發行人／王榮文
出版發行／遠流出版事業股份有限公司
地址：104005 台北市中山北路一段 11 號 13 樓
電話：(02)2571-0297　傳真：(02)2571-0197　郵撥：0189456-1
著作權顧問／蕭雄淋律師

2015 年 12 月 1 日 初版一刷　2024 年 6 月 5 日 二版二刷
定價／新台幣 350 元（缺頁或破損的書，請寄回更換）
有著作權・侵害必究 Printed in Taiwan
ISBN 978-626-361-286-0
遠流博識網 http://www.ylib.com　E-mail:ylib@ylib.com

◎日本小學館正式授權台灣中文版
●發行所／台灣小學館股份有限公司
●總經理／齋藤滿
●產品經理／黃馨瑝
●責任編輯／小倉宏一、李宗幸
●美術編輯／李怡珊

國家圖書館出版品預行編目(CIP)資料

奇妙地球透視鏡 / 藤子・F・不二雄漫畫；日本小學館編輯撰文；
黃薇嬪翻譯. -- 二版. -- 台北市：遠流出版事業有限公司,
2023.12
面；　公分. --（哆啦A夢科學任意門；4）

譯自：ドラえもん探究ワールド：地球の不思議
ISBN 978-626-361-286-0（平裝）

1.CST: 地球科學　2.CST: 漫畫

350　　112016051

※本書為 2013 年日本小學館出版的《地球の不思議》台灣中文版，在台灣經重新審閱、編輯後發行，因此少部分內容與日文版不同，特此聲明。